U0260138

作者简介

周俊文，内蒙古自治区阿拉善盟畜牧研究所推广研究员，中国畜牧业协会骆驼分会副会长，在阿拉善双峰驼科研和产业发展方面做了大量工作。主持的"阿拉善双峰驼高产种驼培育"和参加的"双峰驼品种群建立和选育方法研究"等项目获得国家、内蒙古自治区星火科技奖4项，阿拉善盟科技进步奖2项；主持国家"双峰驼标准体系建设和标准化示范区建设"项目，参与制定双峰驼标准4项，主持设计和建设中国首个"骆驼文化博物馆"。发表多篇论文。获中国骆驼产业突出贡献奖。

国家出版基金项目
NATIONAL PUBLICATION FOUNDATION

丛书主编：吉日木图
骆驼精品图书出版工程

骆驼饲养学

周俊文◎编著

那仁巴图◎主审

中国农业出版社
北 京

内容简介

　　骆驼是荒漠和半荒漠地带的产物，具有地带性、独特的分布特征与规律。骆驼虽然是人工饲养的畜种，但与其他家畜最大的区别是几乎处于半野生状态，自然环境对骆驼的影响和作用非常大，其体形结构和生理功能必须适应荒漠地区的生态条件，因此骆驼的饲养管理有别于其他家畜。随着骆驼产业的发展，骆驼养殖业逐步由传统生产模式向产业化方向发展，行业对骆驼养殖技术和科学饲养方法的要求越来越高。

　　为了满足骆驼产业发展需求，本书编写组基于从事骆驼饲养研究四十余年的成果和经验，同时辅以国内外相关研究进展，从骆驼不同生长阶段、不同生产目的情况下的营养需求出发，开展饲料日粮和饲养技术研究，制定骆驼饲养管理的标准及技术规范，希望为骆驼的科学饲养提供理论和技术支撑。内容主要涉及骆驼的五个方面，即消化特性、营养需要、饲料日粮和饲养技术、饲养管理的标准及技术规范、养殖的新技术新方法。既能为骆驼养殖户和技术推广工作者提供帮助，也可供骆驼研究者阅读时参考。

丛书编委会

骆 驼 精 品 图 书 出 版 工 程

主任委员 何新天（中国畜牧业协会）

芒　来（内蒙古农业大学）

姚新奎（新疆农业大学）

刘强德（中国畜牧业协会）

主　　编 吉日木图（内蒙古农业大学）

副 主 编 阿扎提·祖力皮卡尔（新疆畜牧科学院）

哈斯苏荣（内蒙古农业大学）

委　　员 双　全（内蒙古农业大学）

何飞鸿（内蒙古农业大学）

娜仁花（内蒙古农业大学）

苏布登格日勒（内蒙古农业大学）

那仁巴图（内蒙古农业大学）

明　亮（内蒙古农业大学）

伊　丽（内蒙古农业大学）

周俊文（内蒙古自治区阿拉善盟畜牧研究所）

张文彬（内蒙古自治区阿拉善盟畜牧研究所）

斯仁达来（内蒙古农业大学）

郭富城（内蒙古农业大学）

马萨日娜（内蒙古农业大学）

海　勒（内蒙古农业大学）

好斯毕力格（内蒙古戈壁红驼生物科技有限责任公司）

王文龙（内蒙古农业大学）

嘎利兵嘎（内蒙古农业大学）

李海军（内蒙古农业大学）

任　宏（内蒙古农业大学）

道勒玛（内蒙古自治区阿拉善盟畜牧研究所）

额尔德木图（内蒙古自治区锡林郭勒盟苏尼特

右旗畜牧兽医工作站）

编 写 人 员

主　　编　周俊文（内蒙古自治区阿拉善盟畜牧研究所）

副 主 编　焦兴刚（内蒙古自治区阿拉善盟畜牧研究所）

　　　　　乌仁套迪（内蒙古自治区阿拉善盟畜牧研究所）

编写人员（以姓氏笔画排序）：

　　　　　乌仁套迪（内蒙古自治区阿拉善盟畜牧研究所）

　　　　　王筱珊（内蒙古自治区阿拉善盟畜牧研究所）

　　　　　王静瑜（内蒙古自治区阿拉善盟畜牧研究所）

　　　　　张文兰（内蒙古自治区阿拉善盟畜牧研究所）

　　　　　张文彬（内蒙古自治区阿拉善盟畜牧研究所）

　　　　　苏　雪（内蒙古自治区阿拉善盟畜牧研究所）

　　　　　李　婧（内蒙古自治区阿拉善盟畜牧研究所）

　　　　　张　强（内蒙古自治区阿拉善盟畜牧研究所）

　　　　　宝　迪（内蒙古自治区阿拉善盟畜牧研究所）

　　　　　周俊文（内蒙古自治区阿拉善盟畜牧研究所）

　　　　　高　珊（内蒙古自治区阿拉善盟畜牧研究所）

　　　　　萨日娜（内蒙古自治区阿拉善盟畜牧研究所）

　　　　　焦兴刚（内蒙古自治区阿拉善盟畜牧研究所）

　　　　　道勒玛（内蒙古自治区阿拉善盟畜牧研究所）

　　　　　斯琴图雅（内蒙古自治区阿拉善盟畜牧研究所）

　　　　　照日格图（内蒙古自治区阿拉善盟畜牧研究所）

　　　　　乌尼孟和（内蒙古自治区阿拉善左旗家畜改良站）

　　　　　范　慧（内蒙古自治区阿拉善右旗动物疫病预防控制中心）

前 言 FOREWORD

　　骆驼养殖业是中国畜牧业的一个重要组成部分，特别在北方边疆及少数民族聚居生活地区显得尤为重要，既是当地牧民赖以生存的生产资料，又是能够提供多种日常所需产品的生活资料，人们的衣食住行用乃至精神寄托与文化传承，处处都有骆驼留下的烙痕。我国养驼历史悠久。据考证，我国骆驼的驯养时间与其他畜种不相上下。史书记述，远在距今 3 000 多年前我国北方少数民族部落已开始大量豢养骆驼了。在长期生产实践中，牧民群众积累了一定的养驼经验，促进了骆驼养殖业的发展。

　　我国的骆驼品种主要是双峰驼，双峰驼是荒漠和半荒漠地带的产物，具有地带性，有其独特的分布特征与规律，自然环境都不同程度地具有干燥少雨、日照很强、寒暑剧烈、风大沙多、植被极端贫乏的特点。双峰驼对荒漠半荒漠严酷的自然环境条件具有极强的适应性，在合理的载畜量下，与荒漠草原的植物之间有互相依存及和谐共存的关系，具有一定的生态价值。双峰驼虽然是人工饲养的畜种，但是与其他家畜最大的区别是双峰驼几乎处于半野生状态，自然环境对双峰驼的影响和作用非常大，其体型结构和生理功能与荒漠地区的生态条件相适应，所以双峰驼的饲养管理有别于其他家畜。

　　近年来，随着产业的发展，骆驼养殖业逐步由传统生产模式向产业化方向发展，对骆驼养殖技术和科学饲养方法要求越来越高。为了满足产业发展需求，内蒙古自治区阿拉善盟畜牧研究所（阿拉善盟骆驼科学研究所）组织相关专家，基于从事骆驼饲养研究 40 余年的成果和经验，同时辅以国内外相关研究进展，编写了《骆驼饲养学》。主要内容是根据骆驼生长发育规律和生产特性，开展不同生长阶段、不同生产目的情况下的营养需求研究，制订相应的营养标准；根据骆驼生理生化和消化系统特点及不同生产目标，开展饲料日粮和饲养技术研究，制订骆驼饲养管理的标准及技术规范，为骆驼的科学饲养提供理论和技术支撑，促进驼体健康，减少饲料消耗，降低生产成本，提高生产效率。《骆驼饲养学》的主要内容有以下6个方面：骆驼的消化生理、骆驼营养、骆驼饲料、骆驼放牧饲养特点、骆驼舍饲与半舍饲饲养、骆驼一般管理，供骆驼养殖户和技术推广工作者参考，也供骆驼研究者阅读参考。

　　本书骆驼的消化生理由乌仁套迪、萨日娜完成；骆驼营养由周俊文、焦兴刚、高珊完成；骆驼饲料由张文彬、范慧完成；骆驼放牧饲养由张强、王筱珊、乌尼孟和完成；骆驼舍饲与半舍饲饲养由道勒玛、王静瑜、照日格图完成；骆驼一般管理由宝迪、乌尼孟和、斯琴图雅、苏雪完成；统稿由张文兰、周俊文、李婧完成。

　　由于编者水平有限，加上骆驼研究的科研人员和专业成果较少，本书内容涉及的学科参考资料少等原因，书中难免有不妥之处，敬请广大读者批评指正。

编　者

2021年6月

目 录 CONTENTS

第一节 骆驼消化系统简介

骆驼消化系统由消化管和消化腺两部分组成。消化管是食物通过的管道，包括口腔、咽、食管、胃、肠和肛管。消化腺为分泌消化液的腺体，如唾液腺、肝和胰，其分泌物通过腺管输入消化管。消化液中有多种消化酶，在消化过程中起催化作用。

一、口腔

为消化道的起始部，其两侧壁为颊，上壁为硬腭，下壁为下颌和舌，前经口裂与外界相通，后与咽相连。

（一）唇

分上唇和下唇，上下唇在左右两端汇合形成口角，上唇与兔的上唇相似，正中有一唇裂（人中）（图 1-1），上下唇都长，运动灵活。

图 1-1 双峰驼唇
1. 上唇 2. 唇裂 3. 下唇

（二）颊

构成口腔的侧壁，内面颊黏膜上长满颊乳头，下部的乳头较大，长 1～2cm，前端、后端和上部的乳头较小，长 0.5～1cm，数目也较少。

（三）硬腭

构成口腔的顶壁，长25～30cm。前半部较窄，正中有一腭缝，后半部较宽，位于左右颊齿之间，无腭缝和腭褶，前部黏膜上皮高度角化，形成粗糙的齿枕，其余部分黏膜上皮角化的程度较低（图1-2）。

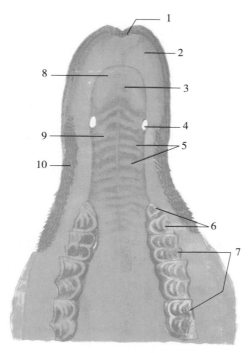

图1-2 双峰驼硬腭

1. 唇裂 2. 唇 3. 切齿乳头 4. 犬齿 5. 腭褶
6. 前臼齿（乳臼齿） 7. 后臼齿（恒臼齿） 8. 齿垫 9. 腭缝 10. 颊乳头

（四）舌

舌与牛的形状相似，分为舌尖、舌体和舌根。舌体窄，舌尖变宽，整个舌呈刮刀形。舌体背侧面后半部隆起，形成舌圆枕（图1-3），其近前方有明显的舌窝，新生驼羔无舌窝。舌尖腹侧后部借舌系带与口腔底壁相连。

舌背和侧缘黏膜厚而粗糙，分布有舌乳头。舌乳头分为丝状乳头、锥状乳头、豆状乳头、菌状乳头和轮廓乳头，无叶状乳头。前三者为机械性乳头，后两者为味觉乳头，含有味蕾，可感受味觉。

舌圆枕和舌根部黏膜下，舌腺密集成层，与舌下腺连成一片。在舌根部背面有许多舌淋巴滤泡。舌的肌肉为横纹肌，分固有舌肌和外来舌肌。固有舌肌的起止点均在舌内，由3种方向不同且互相垂直的横行、纵行和垂直肌束组成。外来舌肌起始于舌骨和下颌骨，止于舌内。

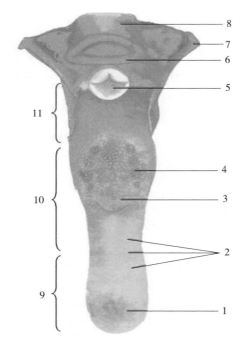

图 1-3 双峰驼舌

1. 锥状乳头 2. 菌状乳头 3. 舌圆枕 4. 轮廓乳头
5. 喉 6. 咽 7. 舌骨 8. 食道 9. 舌尖 10. 舌体 11. 舌根

（五）口腔底

大部分被舌所占据，表面被覆黏膜。

（六）齿

骆驼的齿属长冠齿，齿冠随年龄增长而不断磨损，也不断自齿槽中长出。齿分为切齿、犬齿和颊齿。颊齿又分为前臼齿和臼齿。上颌有切齿（I）1 对，犬齿（C）1 对，前臼齿（P）3 对，臼齿（M）3 对，第 1 前臼齿（P1）又称狼齿。下颌有切齿 3 对，犬齿 1 对，前臼齿 2 对，臼齿 3 对。骆驼齿与反刍动物齿模式最大的区别是上颌有 1 对切齿。恒齿式为：

$$2\times\left(\frac{切齿\ 1\ 犬齿\ 1\ 前臼齿\ 3\ 臼齿\ 3}{切齿\ 3\ 犬齿\ 1\ 前臼齿\ 2\ 臼齿\ 3}\right)=34$$

上颌切齿（I），公驼的大，形似犬齿状，在犬齿之前位于齿枕两侧；母驼的较小，有时缺。上颌切齿在 9 周岁时最长（Leese，1927）。下颌切齿为单形齿，齿冠前后压扁，呈楔形，无齿坎。在青年驼，几乎呈水平方向从下颌齿槽长出，但随年龄增长而逐渐变为垂直向。犬齿发达，位于齿槽间缘前端，母驼的较小。狼齿呈犬齿状，较犬齿小，位于齿槽间缘中部，距犬齿 20mm，距第 2 前臼齿 60mm，有的骆驼仅一侧有狼齿从齿槽中长出。母驼的较小，有时缺。上颌磨颊齿有 5 个（2P＋3M），下颌有 4 个

（P+3M），上颌最大的磨颊齿为第 1 和第 2 臼齿，下颌第 1 臼齿最宽，第 3 臼齿最长。上颌磨颊齿斜向颊面，下颌磨颊齿斜向舌面。磨颊齿为月形齿和长冠齿。上颌第 2 和第 3 前臼齿有 3 个齿根，嚼面有一个半月形齿坎，凸缘朝向舌侧。颊齿有 2 个齿坎和 4 个齿根。下颌前臼齿较小，有 1 个齿坎和 2 个齿根；臼齿有 2 个齿坎和 2 个齿根，齿坎朝向前庭。狼齿与臼齿一样不换齿，即无乳齿。因此，骆驼的乳齿式为：

$$2 \times \left(\frac{\text{切齿 1 犬齿 1 前臼齿 3}}{\text{切齿 3 犬齿 1 前臼齿 2}} \right) = 22$$

骆驼的出齿和换齿时间见表 1-1。

表 1-1　骆驼出齿和换齿时间

乳齿	出齿时间	恒齿	出齿时间
DI $\frac{}{1}$	14d	I $\frac{}{1}$	4 周龄
DI $\frac{}{2}$	5 周龄	I $\frac{1}{2}$	5 周龄
DI $\frac{3}{3}$	6～12 周龄 6～12 周龄	I $\frac{3}{3}$	7～8 周龄 6～7 周龄
DC $\frac{1}{1}$	9～10 月龄* 约 5 月龄	C $\frac{1}{1}$	7～8 周龄 7～8 周龄
DP $\frac{1}{1}$	6～8 周龄 6 周龄		不换齿 不换齿
DP		DP $\frac{2}{2}$	5～6 周龄 5～6 周龄
DP $\frac{3}{}$	约 1 月龄	DP $\frac{3}{}$	5～6 周龄
		M $\frac{1}{1}$	12～15 月龄** 12～15 月龄**
		M $\frac{2}{2}$	24～36 月龄 24～36 月龄
		M $\frac{3}{}$	5～5.5 周岁

　　注：DI，乳切齿；I，切齿；DC，乳犬齿；C，犬齿；DP，乳前臼齿；P，前臼齿；M，臼齿。在以色列发现骆驼出齿较早。* 为 5 月，** 为 9 月。

二、咽

骆驼的咽与其他反刍动物的不同，咽较长，长约 18cm，向后可达第 1 颈椎。咽位于颈前端，为消化道与呼吸道交叉的部分。咽向前通口腔和鼻腔，向后通食管，向腹侧通喉，两侧通咽鼓管。咽腔分 3 部分，其前部被软腭分为上、下两部分，上部为鼻咽部，下部为口咽部，咽后部为喉咽部。

三、食管

长约170cm，口径约4cm，前端与咽相连，穿过膈的食管裂孔与胃相连。食管分颈部和胸部两段。颈部长约106cm，胸部长约64cm。

四、胃

骆驼的胃与牛、羊典型的反刍动物的胃的形态和结构差异很大，对于双峰驼胃的分室以及与牛、羊各胃室的一致性，长期以来一直有不同的观点。在对骆驼和牛羊各胃室发生、功能一致性还不十分清楚的情况下，从比较解剖学的角度来看，将骆驼的胃分为瘤胃、网胃、瓣胃和皱胃4个部分，也是可取的。

目前一致认为，骆驼胃分为前胃和皱胃。前胃又以室间沟分为第1室和第2室，分别相当于瘤胃和网胃。皱胃又分为前膨大、胃体和后膨大，前膨大和胃体相当于瓣胃，后膨大相当于皱胃（图1-4）。

胃的外部形态和位置：

1. 前胃

（1）前胃第1室（瘤胃）大，略呈椭圆形，容积50～70L，贲门位于膈的食管裂孔的后下方。

（2）前胃第2室（网胃）略呈蚕豆形，容积约2L。出口与胃颈相连。

2. 皱胃　略呈弯曲蚕状，凹缘向上，为胃小弯，凸缘向下，为胃大弯，前部和后部分别膨大成为前膨大和后膨大，中部较小，呈圆柱状，为胃体，起始端为胃颈，末端为幽门，容积4～6L。

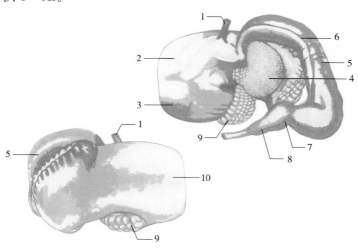

图1-4　双峰驼胃

1. 食管　2. 瘤胃背囊　3. 瘤胃腹囊　4. 网胃　5. 皱胃（真胃）
6. 纵肌带　7. 幽门括约肌　8. 十二指肠　9. 瘤胃水囊　10. 瘤胃

五、肠

小肠长 27.5～33m，又分为十二指肠、空肠、回肠；大肠约 15m，又分为盲肠、结肠和直肠（图 1-5）。

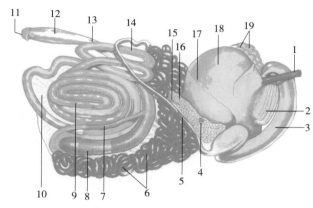

图 1-5　双峰驼消化器官
1. 食管　2. 网胃　3. 皱胃（真胃）　4. 门静脉　5. 十二指肠　6. 空肠
7. 回肠　8. 盲肠　9. 结肠　10. 肠系膜　11. 肛门　12. 直肠壶腹　13. 直肠
14. 结肠终祥　15. 胰管　16. 胰腺　17. 网膜附着线　18. 瘤胃　19. 瘤胃水囊

（一）小肠

1. 十二指肠　长 2～2.6m，前端在肝方叶内侧与幽门相连，后端与空肠相连。

2. 空肠　长 25～30m，口径 4～6.5cm。

3. 回肠　长 30～50cm，口径 4～5cm，壁较厚，不卷曲成肠圈。

（二）大肠

1. 盲肠　呈圆柱形，长 50～65cm，口径 8～10cm，容积 1～1.5L。起始端与回肠和结肠相连，末端小，为盲端。凸缘游离，为盲肠大弯；凹缘为盲肠小弯。

2. 结肠　长 13～14m，分为升结肠、横结肠和降结肠。

3. 直肠　为大肠的最后一段，长 20～25cm，口径 8～10cm，不形成直肠壶腹。

六、肛管

肛管为消化管的末端，长约 3cm，周围有肛门内外括约肌。

七、唾液腺

为向口腔里分泌唾液的所有腺体，如唇腺、舌腺、腭腺、颊腺、腮腺、下颌腺和舌下腺。下面主要讲后 3 种。

1. 腮腺 为最大的唾液腺，略呈四边形，在耳郭腹侧位于下颌骨支后缘与寰椎翼之间，呈暗灰红色，分叶明显。腮腺管起始于腮腺前缘中部，由 3~6 条排泄管汇合而成，开口于第 2 上颊齿相对的腮腺乳头上。

2. 下颌腺 略呈三角形，黄色，腺管开口于口腔底。

3. 舌下腺 淡黄色，细而长，许多腺管在舌下外侧隐窝内的乳头之中开口于口腔底。骆驼的舌下腺为多口舌下腺，无单口舌下腺。

八、肝

为最大的消化腺，具有分泌胆汁、合成体内重要物质、储存糖原、解毒以及在胎儿时期参与造血等功能。双峰驼的肝发达，肝重 11~27kg，色深褐而质脆，略呈三角形，在膈后位于右季肋部。膈面凸，与膈接触。脏面凹凸不平，与前胃第 1 室、皱胃、十二指肠膨大部、结肠终袢、胰和小网膜接触，有肝门、若干沟裂和胃肠压痕。肝面的沟裂和前腹侧缘的切迹，有些为肝叶的分界（图 1-6）。

骆驼的肝无胆囊，左、右肝管联合形成肝总管，双峰驼肝总管长约 8cm，自肝门伸出，行经胃胰皱褶，与胰管汇合，开口于十二指肠第 2 段起始部的十二指肠大乳头。

新生驼的肝相对较大，边缘更圆，乳头突更明显，肝左、右叶突出肋笼，与腹壁接触。

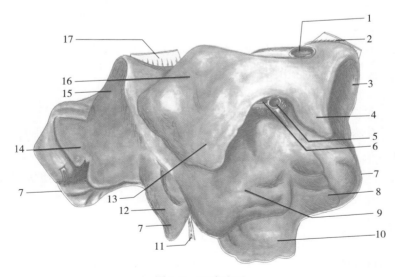

图 1-6　双峰驼肝

1. 后腔静脉　2. 右三角韧带　3. 肾压迹　4. 尾状突　5. 门静脉　6. 肝动脉
7. 锐缘　8. 右外叶　9. 方叶　10. 右内叶　11. 肝圆韧带　12. 左内叶　13. 乳头突
14. 左外叶　15. 网胃压迹　16. 肝左外侧叶　17. 左三角韧带

九、胰

为较大的消化腺，由外分泌部和内分泌部组成。外分泌部占腺体的大部分，分泌胰液，参与蛋白质、糖和脂肪的消化。内分泌部称胰岛，分泌胰岛素和胰高血糖素，有调节血糖代谢的作用。

胰呈肉红色，双峰驼的胰重250～320g。胰分为胰体、左叶和右叶。胰体在肝门下方位于胃胰皱褶内，左、右两面均覆有腹膜，腹侧面有胰切迹。胰管主要由来自胰左叶和右叶的两大支汇合而成，在胰头中与肝总管汇合，在十二指肠前曲开口于十二指肠大乳头。

第二节　骆驼消化生理

骆驼在进行新陈代谢过程中，不仅需要从外界环境中摄取氧气，而且还要不断地从外界环境中摄取必需的营养物质，供机体利用。机体所需的营养物质除水外，还包括蛋白质、糖类、脂类、无机盐和维生素等。其中，蛋白质、糖类和脂类都是结构复杂的有机物，不能直接被机体利用，必须在消化道内经过分解，变成结构简单、没有种属特异性的小分子物质，才能透过消化道上皮进入血液循环，供组织细胞利用。食物在消化道内被分解为可吸收的小分子物质的过程，称为消化。食物经过消化后，透过消化道上皮进入血液和淋巴的过程，称为吸收。消化和吸收为机体的新陈代谢提供了物质和能量来源。

食物在消化道内的消化有3种方式：物理消化、酶消化和微生物消化。3种消化过程是相互依存、互相协调、同时进行的。然而，这3种消化过程又有明显的阶段性，物理消化为酶消化和微生物消化创造条件，酶消化和微生物消化又在一定程度上影响物理消化。不同部位的消化管因结构不同，其消化方式各有侧重。口腔内以物理消化为主；小肠内以酶消化为主；而前胃以微生物消化为主。

一、物理消化

又称机械性消化，通过咀嚼、吞咽、反刍和消化道肌肉的收缩活动将食物磨碎，并使之与消化液充分混合，为食物的酶消化创造条件，使消化道的内容物不断地向消化道远端移送，最后把消化吸收后的饲料残渣从消化管末端排出体外。

骆驼依靠异常灵活的上唇，成功地拣食散落在地面的枯枝碎叶。对低矮草本植物，则用下颌门齿抵住上颌齿垫，把头前伸或向上拉，从离地面2～3cm处咬断吞食；对疏松状灌木，如锦鸡儿和红砂等，可毫不费力地选吃其嫩枝绿叶；对密丛状灌木，如霸王等，则将其上唇伸长如锥状，吃其株顶到株侧的枝叶；对高枝条的沙柳和花棒等，则用口衔枝条基部，抬头将全部绿叶捋入口中。由于肢高颈长，不移步即可将 $2m^2$ 内的饲草完全加以采食。采食速度的快慢与草场类型及骆驼的年龄、生理状况等因素有关。一般来说，草生长较密而且为其喜食的，则采食速度快。干枯草则采食相对少些。老龄驼与幼龄驼的采食速度比壮龄驼和当年产羔母驼慢。当年产羔母驼因哺乳需要，采食能力极强，对牧草的挑剔程度低，吃饱后急于回家哺羔和护羔。

反刍是指反刍动物咽入瘤胃中的饲料经浸泡软化和一定时间的发酵，当动物休息时返回到口腔仔细咀嚼的特殊消化活动。反刍分为逆呕、再咀嚼、再混唾液和再吞咽4个阶段。反刍的生理意义是把饲料咀嚼细并混入大量唾液，以便更好地消化。其他反刍家畜，一般由采食到反刍，须经一段闲散或休息时间方可进行，而骆驼则采食停止不久即可反刍，有的甚至停食 1min 后就开始。双峰驼的反刍一般与采食的时间无关，一般集中在夜间，卧地反刍，早晨达到高峰，反刍时间为 2.5～3.5h，白天有时也进行断续的反刍。反刍时，从前胃第 1 室逆呕的食团，在口中左右往复地咀嚼 15～30 次，然后吞咽入胃。经过一定间歇时间（平均 7～8s），再开始第 2 次反刍。每一反刍食团所需的咀嚼数，主要决定于当天所食牧草的软硬程度，如在春季采食干草时，则需咀嚼 28～35 次才吞咽入腹。牛羊在反刍咀嚼时，下颌臼齿总是向一侧磨动，不是左磨就是右磨；而双峰驼的下颌臼齿则可左右往复磨动，声音清脆并特别有力。骆驼胃为多室混合胃，与一般反刍家畜的胃在形态和结构上存在很大差异，从而有别于其他反刍家畜。Ruckebuson（1963）认为，家畜反刍部分是受延髓中枢神经系统控制的，不仅是一种重新咀嚼食物的过程，而且还是一种防卫功能。有关反刍过程，据 Ehrlein（1971）报道，先是前胃第 1 室和第 2 室开始进行有力的收缩，接着前胃前腹侧囊和后背侧囊收缩。在前胃后背侧囊收缩之前不久，后背侧囊的腺部开始收缩，致使将腺囊内的内容物排出。当后背侧囊收缩时发生反刍，随着前腹侧囊收缩而出现嗳气。骆驼的反刍行为主要受采食量多少、采食牧草种类等的影响。随着采食量的增加，咀嚼次数也相应增加。如多食粗、干、硬的牧草，咀嚼次数增加。另外，因白天忙于采食，所以昼反刍周期和每个反刍周期时间都小于夜间相对值。反刍易受环境影响，惊恐、疼痛等因素干扰反刍，使反刍受到抑制；发情期、热性病和消化异常时反刍减少。所以，反刍是骆驼健康的标志之一。

当骆驼遇敌害时，能立刻逆呕一个食团，随口喷出大量草食（瘤胃内容物）。其机制除如上述外，还在于它的软腭发达，当食团到达口中时，随即用力吹起，致使食物四散飞出，喷得很远。骆驼低头采食完成一个食团的时间约 1min，但要将食团吞咽入腹，则必须抬头才能完成。这可能是因为：①驼体高大，颈较长，低头不便将食团直接下行入胃。②骆驼因颈长之故，绝大部分体重都落在前肢上，不抬头则不宜调节重心，行走不便。③低头时间过长，头部的血流将受到影响。

骆驼饮水时，上下唇伸长如锥状，放进水里吸进一口水抬头先尝一下后，再以吸吮的方式饮水。在饮水过程中，会抬头歇一会儿，然后再继续饮水。如此反复，直到饮足为止。

胃既能储存食物，控制食物进入小肠的速率，又有研碎食物的作用，前胃内进行微生物消化后把食物颗粒排入十二指肠，此过程称胃的排空。

小肠的运动机能是依靠肠壁平滑肌的舒缩活动实现的。小肠平滑肌经常处于紧张状态，这种紧张性是小肠运动的基础。如果紧张性低，肠壁对食糜扩张的抵抗力小，混合食糜无力，推送食糜也慢；反之，紧张性高，推送和混合食糜就快。在小肠运动过程中，由于小肠内容物移动，产生类似流水或含漱的声音，称作小肠音。肠运动增强时，小肠音增强；肠运动减弱时，小肠音减弱。小肠的运动形式有分节运动、蠕动、移行运动复合波3种。

大肠的运动微弱、缓慢，对刺激反应迟钝。其运动形式除有与小肠相类似的蠕动和分节运动外，还有集团运动、袋状往返运动和多袋推进运动。

半流动状态的残存食糜，通过大肠的消化吸收后，逐渐成固体状态的粪便，进入直肠后排出体外。排粪量与饲料的种类和质量有关。在饲养管理上，如果排粪次数减少，粪便干固，就有发生便秘的可能。因此，经常观察排粪次数和粪便性状，对早期发现便秘是有帮助的。双峰驼的昼夜排粪次数为（21.25±8.46）次，昼排粪次数多于夜排粪次数。昼夜排尿次数为（21.88±10.48）次，昼排尿次数为（14.10±7.39）次，夜排尿次数为（7.10±3.93）次。

二、酶消化

又称化学性消化。消化腺所分泌的酶和植物饲料本身的酶使食物中复杂化合物进行水解的过程。酶消化主要是靠消化腺分泌的消化液来实现的。消化液的主要成分是酶、电解质和水。唾液腺、胃腺、胰腺、小肠腺和肝都能分泌大量消化液参与酶消化活动。消化液的合成与分泌，是受内分泌、内在神经丛和外来神经调节控制的。

唾液是3对大唾液腺（腮腺、颌下腺和舌下腺）和口腔黏膜中许多小腺体的混合分泌物。腮腺主要由浆液细胞组成，分泌不含黏蛋白的稀薄如水的唾液；颌下腺和舌下腺由浆液细胞及黏液细胞组成，分泌含有黏蛋白的水样唾液；口腔中的小腺体由黏液细胞组成，分泌含有黏蛋白的黏稠唾液。唾液的生理功能表现在5个方面：①湿润口腔和饲料，有利于嘶鸣、咀嚼和吞咽。食物溶解才能刺激味觉产生并引起各种反射活动。②唾液淀粉酶在接近中性环境中催化淀粉水解为麦芽糖，尽管在口腔内停留时间很短，但入胃后在胃液pH尚未降至4.5之前，唾液淀粉酶仍能发挥作用。③以乳为食的幼驼唾液中的舌脂酶可以将脂肪水解为游离脂肪酸。④清洁和保护作用。唾液可经常冲洗口腔中的饲料残渣和异物，洁净口腔，其中的溶菌酶有杀菌作用。⑤维持口腔的碱性环境，使饲料中的碱性酶免于被破坏。碱性较强的唾液咽入前胃后，能中和胃发酵所产生的酸，有利于微生物繁殖和对饲料的发酵作用。

皱胃黏膜分泌的胃液中含有胃蛋白酶、凝乳酶（幼驼）和盐酸，并有少量黏液；酶的含量和盐酸浓度随年龄变化而有所变化，尤其是幼驼凝乳酶的含量比成年驼高很多。胃蛋白酶含量随幼驼生长渐渐增多，酸度也逐渐增高。皱胃的胃液分泌是持续的，这与食糜不断从前胃流入皱胃有关。皱胃分泌胃液的量和酸度，取决于前胃内容物进入皱胃的容量和内容物中挥发性脂肪酸的浓度，而与饲料的性质关系不大。这是因为进入皱胃的饲料经过前胃内发酵，已经失去原有的特性。

胰腺是兼有内分泌和外分泌机能的腺体。胰腺的外分泌物称为胰液（pancreatic juice），是由胰腺的腺泡细胞和小导管细胞所分泌的，具有很强的消化能力。胰液是无色、无臭的碱性液体，pH 为 7.2～8.4。胰液中含有机物和无机物。无机物中以碳酸氢盐含量最高，由腺内小导管细胞所分泌。其主要作用是中和十二指肠内的胃酸，使肠黏膜免受胃酸侵蚀，同时也为小肠内各种消化酶提供适宜的弱碱性环境。胰液中有机物为多种消化酶，主要有：①胰淀粉酶。是一种 α-淀粉酶，以活性状态分泌，将淀粉分解为麦芽糖，最适 pH 为 6.7～7.0。②胰脂肪酶。可将脂肪分解为甘油和脂肪酸，其最适 pH 为 7.5～8.5。③胰蛋白分解酶。蛋白质的消化主要依靠胰酶来完成，这些酶的最适 pH 为 7.0 左右。胰液中的蛋白酶主要是胰蛋白酶、糜蛋白酶及少量弹性蛋白酶。最初分泌出来时均以无活性的原形式存在。胰蛋白酶原分泌到十二指肠后迅速被肠致活酶激活，变为有活性的胰蛋白酶。胰蛋白酶被激活后，它能迅速将糜蛋白酶原及弹性蛋白酶原等激活。胰蛋白酶也有较弱的自身激活作用。糜蛋白酶和胰蛋白酶的作用很相似，都能将蛋白质分解为际和胨。当两者同时作用时，可进一步使际和胨分解为小分子多肽和少量氨基酸。糜蛋白酶还有较强的凝乳作用。胰液中还含有水解多肽的羧基肽酶、核糖核酸酶和脱氧核糖核酸酶等，它们分别将多肽水解为氨基酸，部分将相应核酸水解为单核苷酸。

胆汁是由肝细胞周期性连续分泌的，它不仅是消化液，对食物中的脂肪消化和吸收起着重要作用，而且也含有某些代谢终产物的排泄物。骆驼没有胆囊。胆囊的功能在一定程度上由粗大的胆管取代，胆汁几乎连续地流入十二指肠起作用。胆汁是一种具有苦味的黏滞性有色的碱性液体，分泌量很大。胆汁成分除水外，主要是胆汁酸、胆盐和胆色素，而胆固醇、脂肪酸、卵磷脂、蛋白质等含量甚微。胆汁中不含消化酶。除胆汁酸、胆盐和碳酸氢钠与消化作用有关外，胆汁中的其他成分都可看作是排泄物。胆汁酸有游离和结合两种形式。游离胆汁酸中以胆酸及鹅脱氧胆酸含量最多，部分游离胆汁酸与甘氨酸或牛磺酸结合成甘氨胆酸、牛黄胆酸和甘氨鹅脱氧胆酸等。胆盐主要是胆汁酸的钠盐，有甘氨胆酸钠和牛黄胆酸钠等。胆汁的生理作用主要是胆盐或胆汁酸的作用。胆盐的作用是：①降低脂肪的表面张力，使脂肪乳化成极细小（直径 3 000～10 000nm）的微粒，从而大大增加了与脂肪酶的接触面积，加速其水解。②增强脂肪酶的活性，起到激活剂作用。③胆盐同脂肪酸和甘油一酯结合，形成水溶性复合物（混合微胶粒，直径 4～6nm）方可吸收。④有促进脂溶性维生素（维生素 A、维生素 D、维生素 E、维生素 K）吸收的作用。⑤胆盐可刺激小肠运动。在小肠内，胆盐或胆汁酸绝大部分可由远段回肠吸收入血，经过门静脉再回到肝内重新形成胆汁，并刺激胆汁分泌而排入十二指肠，这一过程称为胆盐的肠-肝循环。胆盐每循环一次就有 5%～10% 随粪便排出。胆固醇是肝中脂肪代谢产物，胆盐、胆固醇和卵磷脂等都能降低脂肪颗粒的表面张力，使之乳化为微滴而增加与消化酶的作用面积，有利于脂肪消化。

小肠液是弱碱性微混浊液体，pH 为 8.2~8.7。小肠液中除大量水分外，无机物的含量和种类一般与体液相似，仅碳酸氢钠含量较高。小肠液中有机物主要是黏液、多种消化酶和大量脱落的上皮细胞。小肠液可以稀释消化产物，有利于消化和吸收。小肠液可很快被小肠绒毛重吸收。小肠液的这种循环交流，为小肠内营养物质的吸收提供了媒介。来源于小肠黏膜上皮的酶和肠腺分泌的酶，属于消化道内作用部位和作用方式不相同的两类消化酶。肠致活酶和淀粉酶在肠腔内发挥作用，如同唾液、胃液、胰液中的消化酶一样与食糜充分混合，在相关消化管内发挥作用，这类酶的消化方式称为腔期消化。一般来说，腔期消化的营养物质得不到完全水解，仅使原始的大分子物质形成短链聚合物。肠黏膜上皮分泌的肠肽酶、二糖酶等，则以化学键与上皮细胞顶点膜相连，或为肠黏膜表面的结构。当腔期消化产物接触小肠黏膜时，使其进一步水解为小分子物质而被吸收，这种位于肠上皮细胞表面进行的最后消化过程称为膜期消化，是腔期消化的继续和补充。

大肠液由大肠腺细胞和大肠黏膜的杯状细胞分泌，为富含黏液蛋白的碱性（pH 为 8.3~8.4）黏稠液体，有保护肠黏膜和润滑粪便的功能。大肠液中还含有大量的碳酸氢盐，不含有水解蛋白质、脂肪和糖的消化酶。

三、微生物消化

又称生物学消化，由栖居在骆驼消化道内的微生物对饲料进行发酵的过程，即微生物消化。微生物消化尤其对饲料中的纤维素、半纤维素等高分子糖类的消化特别重要。

双峰驼属于骆驼亚目，其胃的结构与反刍亚目动物的相似，但骆驼亚目的皱胃不发达。在一般饲养条件下，前胃中的微生物主要是厌氧的纤毛虫和细菌，双峰驼瘤胃内纤毛虫的类别及其百分比见表 1-2，种类复杂，并随饲料性质、饲喂制度和双峰驼年龄的不同而发生变化。在某些情况下，还发现有其他类群微生物，如真菌。研究表明，真菌在植物细胞壁的消化过程中起着重要作用。

前胃中的纤毛虫产生多种酶，能发酵可溶性糖、果胶、纤维素和半纤维素，产生乙酸、丙酸、乳酸、二氧化碳和氢等，也能降解蛋白质、水解脂类、氢化不饱和脂肪酸或使饱和脂肪酸脱氢。

表 1-2　双峰驼瘤胃内纤毛虫的类别及其百分比（%）

动物名	贫毛虫属				全毛虫属	
	头毛虫属	双毛虫属	内毛虫属	前毛虫属	均毛虫属	密毛虫属
双峰驼	0.2	13.6	60.7	23.8	1.7	

尽管前胃内生态环境相当复杂，但微生物消化代谢过程应作为一个整体看待。饲料进入前胃后，在微生物作用下，发生一系列复杂的消化和代谢过程，产生挥发性脂肪酸，合成微生物体蛋白和糖原及维生素等，供机体利用。

前胃在整个消化过程中占有特别重要的地位。饲料内可消化的干物质有70%～85%在此消化，其中起重要作用的是微生物。骆驼的前胃也可看作是一个供嫌气性微生物高效率繁殖的活体发酵罐。它具有微生物活动的良好条件：供微生物繁殖所需的营养物质丰富；离子强度在最佳范围内，瘤胃液渗透压与血浆的相近；温度适宜，通常为 $38\sim41℃$；饲料发酵产生的大量挥发性脂肪酸和氨不断被吸收入血，或被碱性唾液缓冲，使 pH 维持在 $6\sim7$。此外，瘤胃背囊的气体多为二氧化碳、甲烷及少量氮氢等气体，随饲料进入的一些氧，也很快被微生物利用，维持了一个负的氧化还原电位，形成了高度厌氧环境。

胃分泌的神经体液调节与单胃相似。副交感神经兴奋时，胃液分泌量增多。皱胃运动与单胃相似，十二指肠排空时运动增强，十二指肠充盈时运动减弱。

四、吸收

消化管内的吸收是指食物的成分或其消化后的产物透过消化管黏膜的上皮细胞，进入血液或淋巴的过程。

消化管不同部位的吸收能力和吸收速度是不同的，这主要取决于各部位消化的程度和停留的时间。骆驼口腔和食管内实际上不具备吸收功能，前胃能吸收挥发性脂肪酸、二氧化碳、氨、各种无机离子和水分。小肠是吸收的主要部位，糖类、蛋白质和脂肪的消化产物大部分在十二指肠和空肠被吸收，回肠能主动吸收胆盐和维生素 B_{12}。大部分营养成分到达回肠时，通常已被吸收完。小肠黏膜具有环形皱褶，并拥有大量绒毛，每一根绒毛的外周是一层柱状上皮细胞，柱状上皮细胞肠腔面又被覆有许多微绒毛。这些环形皱褶、绒毛和微绒毛的存在，使小肠的吸收面积大大增加，有利于吸收。

饲料中的糖类经过腔期消化和膜期消化，降解为单糖和双糖，而由细菌降解的糖类则生成短链脂肪酸（主要是乙酸、丙酸和丁酸）。大部分单糖被吸收后，经门静脉血液运到肝，小部分单糖经淋巴转运，而短链脂肪酸则由血液吸收。

蛋白质经过腔期消化和膜期消化，产生许多小肽和氨基酸，被毛细血管吸收后，随着门静脉进入肝。

饲料中的脂肪主要在小肠消化。脂类的吸收开始于十二指肠远端，在空肠近端结束。脂肪与胆汁和胰液混合后，甘油三酯由脂肪酶分解，主要产生游离脂肪酸和甘油一酯，它们很快与胆汁中的胆盐形成混合微胶粒。由于胆盐有亲水性，它能携带脂肪消化产物通过覆盖在小肠绒毛表面的静水层而靠近上皮细胞。甘油一酯和长链脂肪酸借着简单的扩散方式进入上皮细胞。此时，胆盐被分离下来留在消化管内，沿着小肠移行到回肠末端，经主动转运吸收。

水溶性维生素以扩散方式被吸收，分子质量小的更容易吸收。维生素 B_{12} 必须与胃腺壁细胞分泌的"内因子"结合成复合物，到达回肠，与回肠黏膜上皮细胞的特殊"受体"结合而被吸收。回肠是吸收维生素 B_{12} 的特异性部位。脂溶性维生素因其是脂溶性的，其吸收机制与类脂相似，需要与胆盐结合才能进入小肠黏膜表面的静水层，以扩散的方式进入上皮细胞，然后进入淋巴细胞或血液循环。

水分的吸收是被动的。各种溶质，特别是氯化钠的主动吸收所产生的渗透压梯度是水分吸收的主要动力。

第二章

骆驼的营养

CHAPTER 2

第一节　骆驼营养需要初步分析

一、概述

营养需要是指骆驼在最适宜环境条件下，正常、健康生长或达到理想生产成绩对各种营养物质种类和数量的最低要求。营养需要量是一个群体平均值，不包括一切可能增加需要量而设定的保险系数。

营养需要有维持需要、生长需要、运动需要、妊娠需要和哺乳需要五大类。骆驼的营养需要必须通过从外界摄取食物来获得。饲料中凡能被动物用以维持生命、生产产品的物质，均称为营养物质，简称养分。饲料中营养物质可以是简单的化学元素，如 Ca、P、Mg、Na、Cl、K、S、Fe、Cu、Mn、Zn、Se、I、Co 等；也可以是复杂的化合物，如蛋白质、脂肪、糖类和各种维生素。

骆驼处在生长、运动、维持、妊娠等不同环节，所需的能量、蛋白质、维生素的量是不同的。通过分析可知道生长、妊娠等各环节的营养需要量。营养需要中规定的营养物质定额一般不适宜直接在骆驼生产中应用，常要根据不同的具体条件，适当考虑一定程度的保险系数。其主要原因是骆驼生产的实际环境条件一般难以达到制定营养需要时所规定的条件要求。因此，应用营养需要中的定额，认真考虑保险系数十分重要。

在最适宜的环境条件下，同品种或同种动物在不同地区或不同国家对特定营养物质需要量没有明显差异，这样就使营养需要量在世界范围内可以相互借用参考。双峰驼因分布范围小、数量少，被列入《国家畜禽遗传资源保护名录》予以保护，许多研究工作尚未开展，双峰驼营养需要的分析主要借鉴和参考牛的营养分析体系。

二、能量需要分析

骆驼生长所需能量用于维持生命、组织器官的生长及机体脂肪和蛋白质的沉积。能量需要主要通过生长试验、平衡试验及屠宰试验，按综合法或析因法的原理确定。骆驼不同生长阶段的需要量不同，但确定的方法和原理并无差异。

1. 综合法　综合法主要根据生长速度和饲料转化率来估计总的需要，通过生长试验，也常与屠宰试验相结合确定骆驼对能量的需要。一般采用不同能量水平的饲粮，以最大日增重、最佳饲料转化率和胴体品质时的能量水平作为需要量。

2. 析因法　析因法估计能量需要的公式表示如下：

$$ME = ME_m + \frac{NE_f}{K_f} + \frac{NE_p}{K_p}$$

式中，ME_m 是维持所需代谢能（MJ）；NE_f 和 NE_p 分别为脂肪沉积和蛋白质沉积所需净能（MJ）；K_f 和 K_p 为 ME 转化为 NE_f 和 NE_p 的效率。

（1）非反刍动物的能量需要　以猪为例，NRC（1998）猪的营养需要采用代谢能（ME）计算，其生长总的 ME 需要为：

$$ME = ME_m + ME_{pr} + ME_f + MEH_c$$

式中，ME_m、ME_{pr}、ME_f 和 MEH_c 分别代表维持、蛋白质沉积、脂肪沉积和温度变化（超过最适温度下限）的代谢能需要（kJ）。可进一步分项估计如下：

①ME_m［kJ/（头·d）］$= 2\,510 \times P_t^{0.648}$

式中，P_t 为机体所含蛋白质重量（kg）；ME_m 也可按每千克代谢体重需 444kJ 计算。

②ME_{pr} 按每沉积 1g 蛋白质平均需 44.35kJ 的代谢能计。

③ME_f 可按每沉积 1g 脂肪平均需 52.3kJ 的代谢能计。

④MEH_c（kJ）$= \left[(0.313 \times BW + 22.71) \times (T_c - T) \right] \times 4.184$

式中，T_c 为最适温度下限，对于 20kg 以上的生长肥猪为 18～20℃；T 为环境温度（℃）；BW 为体重（kg）。

对于 ME_{pr} 和 ME_f 的需要，也有按不同体重及不同日增重的蛋白质沉积量 P_r 和脂肪沉积量 P_f 用动态模型（预测公式）来估计。这样可计算任一阶段（或一天）沉积蛋白质和脂肪所需的代谢能以及净能。

（2）反刍动物生长能量的需要　体重为 60～160kg 的反刍动物的能量需要的析因公式为：

$$ME\ (\text{MJ}) = 0.46 \cdot BW^{0.75} + \frac{NE_g}{0.68}$$

式中，0.46 为每千克代谢体重（$BW^{0.75}$）的维持需要（MJ）；NE_g 为增重净能（MJ）；0.68 为 ME 转化为 NE_g 的效率。

对于体重 160kg 以上的反刍动物虽然也可按上式估计，但每千克代谢体重的维持需要为 0.45～0.50MJ。

我国奶牛饲养标准（1980）估计生长母牛增重的净能需要不是根据脂肪和蛋白质沉积量，而是采用体增重、体重与沉积净能的回归公式。骆驼的估计生长净能也采用体增重、体重与沉积净能的回归公式。

三、蛋白质氨基酸的需要分析

1. 析因法估计　蛋白质氨基酸需要分析，反刍动物多为瘤胃降解蛋白（RDP）与瘤胃非降解蛋白（UDP）体系。蛋白质需要可采用综合法，通过生长试验确定；也可用析因法测定维持和生长（蛋白质沉积）蛋白质的需要。

析因法估计蛋白质的需要表示如下：

$$CP\ (\text{g/d}) = \frac{CP_m + CP_g}{NPU}$$

式中，CP_m 和 CP_g 分别是维持和生长（沉积）所需粗蛋白质；NPU 为净蛋白质利用率。

2. 反刍动物蛋白质氨基酸需要 反刍动物的蛋白质需要采用新的蛋白质体系，此体系把动物对蛋白质的需要分为 RDP 和 UDP 两个部分。该体系规定：食入每兆焦代谢能的饲粮，瘤胃微生物可合成 8.34g RDP，所以：

$$RDP = 8.34 \times 43 = 358.6g$$

$$UDP = \frac{TP - (RDP \times 0.8 \times 0.8 \times 0.85)}{0.8 \times 0.85}$$

式中，TP 为日需蛋白质的量（真蛋白质）（g）；分母中的 0.8 和 0.85 分别为饲料蛋白质转化为体蛋白质的生物学价值 BV 和消化率；分子中的 0.8、0.8 和 0.85 分别为瘤胃微生物蛋白质中的真蛋白质含量、BV 和消化率。

NRC 采用的"吸收蛋白质体系"（Absorbed Protein System），要测定降解食入蛋白质（DIP）和未降解食入蛋白质（UIP）的需要量。其估计的原理与 RDP 和 UDP 类似，只是估计的方法和采用的系数有所不同。

四、矿物元素的需要分析

1. 骆驼体内的矿物元素 矿物元素是骆驼营养中的一大类无机营养物质，现已确认骆驼体组织中含有约 45 种矿物元素。目前已知有钙、磷、钠、钾、氯、镁、硫、铁、铜、锰、锌、碘、硒、钼、钴、铬、氟、硅、硼等 19 种矿物元素是骆驼生理过程和体内代谢必不可少的，这一部分就是营养学上常说的必需矿物元素。这类元素在体内具有重要的营养生理功能：有的参与体组织的结构组成，如钙、磷、镁以其相应盐的形式存在，是骨和牙齿的主要组成部分；有的作为酶（参与辅酶或辅基的组成，如锌、锰、铜、硒等）的组成成分和激活剂（如镁、氯等）参与体内物质代谢；有的作为激素组成（如碘）参与体内的代谢调节等；有的以离子形式维持体内电解质平衡和酸碱平衡，如 Na^+、K^+、Cl^- 等。

必需矿物元素必须由外界供给，当外界供给不足时，不仅影响骆驼生长或生产，而且引起骆驼体内代谢异常、生化指标变化和缺乏症。在缺乏某种矿物元素的饲粮中补充该元素，相应的缺乏症会减轻或消失。

骆驼矿物元素的必需性根据试验判定。通过饲喂不含待判定元素的配合饲料，根据骆驼是否出现缺乏症和在缺乏饲粮中补充该元素，缺乏症是否减轻或消失来确定。

2. 矿物元素的利用率 饲料中的矿物元素一般都以化合物的形式存在。不同来源和不同化学形式的矿物元素在体内的吸收利用率差异很大。目前主要采用以下指标。

（1）净利用率 这是判定矿物元素利用率的常用指标，它以矿物元素在体内收支平衡为基础，通过测定两组矿物元素沉积量来计算。计算公式为：

$$净利用率 = \frac{(B_2 - B_1)}{(I_2 - I_1)} \times 100\%$$

式中，I_1、I_2 分别为第 1 组和第 2 组待评定矿物元素的摄入量（g）；B_1、B_2 分别为第 1 组和第 2 组待评定矿物元素的沉积量（由摄入量减排泄量而得）（g）。

（2）相对利用率 以骆驼效应为标识，用待测元素的效应与所选含同样矿物元素的标准物效应比较而得。计算公式为：

$$相对利用率 = \frac{M}{M_0} \times 100\%$$

式中，M 和 M_0 分别为含待测矿物元素的物质效应和含同一矿物元素标准物的效应。由于选用的标准物不同，相对利用率可能大于 100%。

（3）净吸收率 在测定净吸收率时，必须把从粪便排出的矿物元素中的内源和外源部分区分开。可以通过同位素方法来测出粪中排出的内源矿物元素部分。净吸收率的计算公式为：

$$净吸收率 = \frac{(I - C_1 + C_0)}{I} \times 100\%$$

式中，I 为测定矿物元素的摄入量（g）；C_1、C_0 分别为从粪中排出的矿物元素的总量和内源排出量（g）。这种方法是评定常量元素利用率比较理想的方法。

3. 常量元素的需要 常量元素是骆驼体内必需的、含量较高一类矿物元素，包括钙、磷、镁、钠、钾、氯、硫等元素。在现代骆驼生产条件下，常量元素已成为配合饲料必须考虑的、添加量较大的重要营养物质。

可用下式估计：

$$总的需要量 = \frac{沉留量 + 内源损失}{利用率} = \frac{净的需要}{利用率}$$

内源损失的测定采用同位素示踪技术。

利用率决定于：①饲粮矿物元素的形式和溶解性；②肠道的酸性环境；③饲粮适宜的脂肪含量；④矿物元素间的比例；⑤足够的维生素，如维生素 D 有助于钙、磷的吸收和利用。

五、维生素的需要分析

骆驼体内一般不能合成维生素，单胃动物和反刍动物脂溶性维生素都必须由饲粮提供，尤其是消化道功能尚未健全的幼驼。在有充足的阳光照射的情况下，不需饲粮提供即可保证维生素 D 的需要。成年骆驼肠道微生物能合成维生素 K。

成年反刍动物能合成足够需要的全部水溶性维生素，在有青绿饲料喂养的情况下，补充维生素的意义不大。在实际生产中，一般不考虑饲料中原有的维生素含量。

第二节 蛋白质的营养

一、概述

蛋白质是细胞的重要组成成分，在骆驼生命过程中起着重要作用。在器官、体液

第二章 骆驼的营养

和其他组织中，没有两种蛋白质的生理功能是完全一样的。这些差异是组成蛋白质的氨基酸种类、数量和结合方式不同的必然结果。

骆驼在组织器官的生长和更新过程中，必须从食物中不断获取蛋白质等含氮物质。因此，把食物中的含氮化合物转变为机体蛋白质是一个重要的营养过程。

二、蛋白质的营养生理作用

满足骆驼的蛋白质需要，可以使骆驼体型增大，乳房发育良好，提高产奶量和骆驼的健康状况，从而延长其使用年限。

蛋白质是一切生命的物质基础，皮、毛、肌肉、蹄、角、心脏、肝、肺、肠、胃和血液等，主要由蛋白质组成。各种组织器官的生长、更新都离不开蛋白质。在新陈代谢中起特殊作用的各种酶类、激素、抗体等也主要由蛋白质构成。骆驼产奶更需大量的蛋白质。

蛋白质由氨基酸组成，骆驼对蛋白质的需要实质上是对氨基酸的需要。组成蛋白质的氨基酸有 20 种，不同的蛋白质中氨基酸的种类和数量也不同。饲料中的蛋白质被骆驼采食后，在消化道中被分解成氨基酸吸收到血液中，输送到骆驼身体各部位，进而合成自身所需的蛋白质。

饲料中的含氮物质，总称为粗蛋白质（CP）。骆驼对蛋白质的需要量以千克或克来表示，饲料中的蛋白质含量以百分比表示。骆驼的不同生长阶段和泌乳驼的不同产奶量、乳脂率、体重，需要的蛋白质的量是不同的。一般情况下，骆驼日粮应含粗蛋白质10％～18％。

骆驼体内储存的蛋白质很少，日粮中如果蛋白质不足，产奶量就会下降，长期不足可使幼驼生长发育受阻、消瘦，母驼繁殖机能紊乱、饲料转化率下降、血红蛋白减少，对生产十分不利。喂量过多也会发生代谢性疾病。

三、蛋白质的利用

在泌乳驼饲养中，蛋白质饲料主要满足母驼的产奶营养需要。一般来说，骆驼的精饲料主要是玉米、大豆等，在母驼产羔之后泌乳逐渐达到高峰期，由于产奶量处于上升期，而母驼采食量的增加要比母驼产奶量的增加相对要小，母驼体内处于能量负平衡（母驼产奶消耗的能量大于其采食获得的能量。简单地讲，消耗的能量大于供给的能量）。如果母驼精饲料缺乏或喂量不足，会延长母驼体内的能量负平衡期，使母驼产奶高峰期缩短，就导致整个母驼产奶期的产奶量下降。但骆驼精饲料喂量一定要合理，太多会使母驼发生代谢病（如胃上火、消化不良等），并引起酸中毒等疾病，导致母驼精神萎靡、食欲不振、产奶量下降，同时也使得母驼产奶的成本增加。

目前，阿拉善地区双峰驼主要是传统自然散牧状态，由于气候干燥雨量极少，母驼采食草粮极其贫乏，只靠高大灌木、半灌木、盐碱性植物等劣质草维持食用，所以阿拉善双峰驼产奶量低与其草场环境有关。在自然粗放牧条件下，用蛋白质饲料（产羔母驼精料补充料）饲喂泌乳骆驼，内蒙古自治区阿拉善盟畜牧研究所（阿拉善盟骆驼科学研究所）通过试验发现，骆驼对配方饲料的接受程度很高，在整个补饲过程中未出现积食等异常反应，增乳效果比能量饲料好。试验在正处于骆驼泌乳中后期产奶量下降阶段，但经补饲蛋白质饲料后产奶量没有继续下降，反而呈上升趋势，到试验结束时出现了产奶高峰。有资料报道，骆驼泌乳峰值与总产奶量呈强相关，峰值每上升 1kg，则整个泌乳期产奶量会上升 200～300kg，峰值越高，则下降也就越慢，持久力也越强，一旦某些环境因素使峰值降低，则很难补救。因此，通过提高母驼产羔后泌乳早期营养水平和改进饲养技术，提高泌乳峰值，延长高峰持续期增加产奶量，在生产实践中是可以实现的。试验对于未来泌乳驼高标准规模化饲养的实现也具有重要意义。骆驼对蛋白质配方饲料的接受程度更高，适合标准化养殖。在初步研究泌乳期骆驼对能量饲料玉米和蛋白质产羔母驼精料补充料的采食量及其增乳效果后发现，骆驼对蛋白质产羔母驼精料补充料的采食量高于能量饲料玉米，且其增乳效果更明显。因此，蛋白质饲料可作为双峰驼人工饲养条件下的首选饲料之一。

第三节 糖类的营养

一、概述

糖类是多羟基的醛、酮或其简单衍生物以及能水解产生上述产物的化合物的总称。这类营养物质在常规营养分析中包括无氮浸出物和粗纤维，是一类重要的营养物质，在骆驼饲粮中占一半以上。因来源丰富、成本低而成为骆驼生产中的主要能量来源。

二、糖类的营养生理作用

1. 糖类的供能储能作用 糖类，特别是葡萄糖是骆驼代谢活动、快速应变需能的最有效的营养物质。葡萄糖是大脑神经系统、肌肉、脂肪组织、胎儿生长发育、乳腺等代谢的主要能源。葡萄糖供给不足，会发生酮病。体内代谢活动需要的葡萄糖来源有二：一是从胃肠道吸收；二是体内生糖物质的转化。骆驼主要靠后者。在所有可生糖物质中，最有效的是丙酸和生糖氨基酸，然后是乙酸、丁酸和其他生糖物质。核糖、柠檬酸等生糖物质转变成葡萄糖的量较小。

糖类除了直接氧化供能外，还可以转变成糖原和脂肪储存起来。胎儿在妊娠后期能储积大量糖原和脂肪，供出生后作能源利用。

2. 糖类在骆驼产品形成中的作用 骆驼泌乳期体内 50%～85% 的葡萄糖用于合成乳糖。基于乳成分的相对稳定性，血糖进入乳腺中的量明显是产奶量的限制因素。

三、糖类的利用

骆驼是反刍动物，其前胃的发酵与牛、绵羊、山羊等反刍动物相似（Maloiy，1972）。食物中的糖类被体内的微生物降解，产生挥发性脂肪酸，还有一些未发酵的糖类到达小肠后进入血液（Thivend，1974）。肠道通过胰腺和黏膜酶的作用对糖类进行消化（Holmes，1971）。

研究肠道吸收的方法有很多。最常见的是口服耐受性测试。在这种测量肠道吸收的方法中，给被测糖类单次口服剂量，并以代谢正常受试者的血糖水平（高血糖）反应作为吸收指标。在反刍动物中，由于其前胃的特殊解剖结构，口服耐受性试验并不实用，动物肠管被用来研究不同糖类在肠道中的吸收（Siddons，1969 和 Toofanian，1976）。目前，还没有关于骆驼小肠"消化吸收"能力的资料。F. Toofanian 和 S. Aliakbary（1983）以小肠有套管的骆驼为研究对象，对其"消化吸收性"进行了研究。将不同糖类溶液通过环空注入，观察血糖浓度的变化（表 2-1）。试验结果显示，单糖很容易被骆驼小肠吸收。双糖吸收规律表明，骆驼小肠黏膜具有高乳糖酶活性、低麦芽糖酶和蔗糖酶活性。

表 2-1　通过不同糖类的缓冲溶液，观察血糖浓度的变化

［肠管插管（M±SE）（每 100mL，mg；$n=8$）］

输液后的时间 （min）	葡萄糖	麦芽糖	乳糖	葡萄糖和 半乳糖	蔗糖	葡萄糖和 果糖
10	9.9±2.5	4.1±2.8	8.2±4.1	12.5±1.9	0.8±1.4	1.6±0.1
20	20.8±4.6	8.7±4.7	23.5±3.9	25.1±3.2	6.9±3.3	5.7±4.1
30	37.9±7.4	10.7±4.0	24.5±3.4	30.3±5.1	8.1±2.3	8.2±3.2
60	51.2±7.6	25.7±4.5	40.1±5.3	46.2±4.3	14.4±3.9	33.6±7.3
90	61.2±8.6	23.6±5.8	46.4±6.5	50.2±6.5	18.8±2.1	32.4±7.7
120	58.1±9.8	20.7±2.4	47.4±6.6	52.3±2.4	11.8±4.3	34.4±8.1
180	50.5±8.5	12.5±3.2	40.8±2.2	45.4±1.4	5.1±3.3	17.6±2.8
240	24.8±16.1	16.6±3.3	33.4±4.2	23.0±7.2	6.3±2.6	16.8±0.4
300	24.4±12.8	13.9±3.5	33.1±7.4	18.1±5.5	7.8±2.9	17.2±2.4

资料来源：Esmaeilnejad，1977。

第四节　脂类的营养

一、概述

脂类是一类存在于动植物组织中，不溶于水，但溶于乙醚、苯、氯仿等有机溶剂的物质。它能量价值高、种类繁多、化学组成各异，是骆驼营养中重要的一类营养物质。常规饲料分析中将这类物质统称为粗脂肪。

二、脂类的营养生理作用

1. 脂类的供能储能作用

（1）脂类是骆驼体内重要的能源物质　脂类是含能最高的营养物质，生理条件下脂类含能是蛋白质和糖类的 2.25 倍左右。不管是直接来自饲料还是体内代谢产生的游离脂肪酸、甘油酯，都是骆驼维持和生产的重要能量来源。

（2）脂肪是骆驼体内主要的能量储备形式　骆驼摄入的能量超过需要量时，多余的能量则主要以脂肪的形式储存在体内。骆驼可 12～15d 不吃草、不饮水仍然可以正常使役。在生命极限耐饥耐渴的试验表明，骆驼在不吃不喝的情况下可以存活 63d；只吃草不喝水的情况下可以存活 78d；只喝水不吃草的情况下存活时间会达到 110d。

2. 脂类在体内物质合成中的作用　除简单脂类参与体组织的构成外，大多数脂类，特别是磷脂和糖脂是细胞膜的重要组成成分。糖脂可能在细胞膜传递信息的活动中起着载体和受体的作用。脂类也参与细胞内某些代谢调节物质的合成。肺表面活性物质是由肺泡 Ⅱ 型细胞产生的，覆盖在肺泡细胞表面，起着防止肺泡萎缩，减少呼吸做功和保持肺泡干燥，防止肺水肿的作用，而棕榈酸是合成肺表面活性物质的必需成分。

3. 脂类是代谢水的重要来源　骆驼氧化脂肪既能供能又能供水。每克脂肪氧化比糖类多产生 67%～83% 的水，比蛋白质产生的水多 1.5 倍左右。

三、脂类的利用

骆驼之所以能够较好地适应极度恶劣的环境，是因其机体构造、器官功能等对荒漠生态环境都具有很好的适应性。通常大家认为骆驼生活在沙漠地带，可以长时间不喝水，是由于骆驼的驼峰，认为驼峰是用来装水的，只有这样骆驼才能长时间不喝水，而且能在沙漠里生活不至于被渴死。其实不然，科学家经过解剖观察后证实，骆驼峰并不是水袋，而是脂肪组织聚集。尽管每千克脂肪被氧化后可以转换成 1.111kg 水，一个 45kg 的驼峰相当于 50kg 的代谢水，但是事实上在摄入氧气的呼吸过程中，肺部失水与脂肪代谢水不相上下，也就是转化与消耗的水量几乎相等。这说明骆驼峰根本起不到固态水储存器的作用。其最大的用途是储存体脂肪，由于其皮下脂肪较少，当处于较冷的环境中时，驼峰能有效地控制体温变化。在干旱的荒漠地带，四季产草极不平衡，为适应这种自然条件，骆驼在夏秋植物丰盛时能大量采食，日采食量可达32.1～33.6kg，将食物转化为脂肪储存在驼峰和腹腔内，以供食物缺乏时的营养需要，因此驼峰也是鉴定骆驼营养状况的主要指标。Al-Rehaimi 等（1993）通过测定驼峰组织匀浆中的磷酸烯醇式丙酮酸羧基酶、NAD$^+$ 和 NADP$^+$、苹果酸酶的活力，发现驼峰是直接或间接影响骆驼血糖水平的重要因素。

骆驼通过食物是否充足，来管理自身的脂肪仓库，即当食物充裕时保存脂肪、储存能量，食物不足时供应机体需要以保证骆驼耐饥饿，适应荒漠地区植物贫瘠和四季供应不平衡的环境。骆驼主要在驼峰、肾、皮下、腹部、网膜、肠系膜等部位储存脂肪。其中，驼峰、肠系膜和肾内的脂肪是可食用的。骆驼驼峰的主要成分是脂肪，且整个驼峰重约占胴体总重的 8.6%。早期研究结果显示，驼峰和其他的一些脂肪储存部位均含有丰富的脂肪酸、磷脂、甘油三酯。此外，Kadim 等（2002）通过薄层色谱仪检测单峰驼驼峰时发现，驼峰中饱和脂肪酸含量远远多于不饱和脂肪酸。但 Emmanuel 等（1981）通过对骆驼的腹部脂肪进行检测发现，骆驼腹部脂肪中饱和脂肪酸仅占总脂肪酸的 36.6%。

第五节　矿物元素的营养

一、概述

矿物元素是骆驼营养中的一大类无机营养物质。现已确认动物体组织中含有 45 种矿物元素。但是并非动物体内的所有矿物元素都在体内起营养代谢作用。在 20 世纪 50 年代以前已发现有 13 种，50 年代和 60 年代又发现 3 种，70 年代以后，陆续新发现 10 种左右在动物体内含量很少的矿物元素可能具有营养生理功能。随着科学技术的发展，越来越多的矿物元素被研究人员发现对动物的正常生长和生产有重要作用。同时，矿物元素新的营养生理功能又不断被发现。

二、必需矿物元素

骆驼需要的矿物元素主要有钙、磷、钠、钾、氯、镁、硫等 7 种。目前，已查明的必需微量元素有铁、锌、铜、锰、碘、硒、钴、钼、氟、铬、硼、硅等 12 种。铝、钒、镍、锡、砷、铅、锂、溴等 8 种元素在动物体内的含量非常低，在实际生产中几乎不出现缺乏症。

三、矿物元素的利用

（一）钙和磷

钙和磷是骆驼体内的必需矿物元素。在现代骆驼生产条件下，钙、磷已成为配合饲料必须考虑的、添加量较大的重要营养物质。

1. 含量和分布　钙、磷是体内含量最多的矿物元素，平均占体重的 1%～2%，其中 98%～99% 的钙、80%～90% 的磷存在于骨和牙齿中，其余存在于软组织和体液中。骨中钙占骨灰分的 36%，磷占 17%。钙、磷主要以两种形式存在于骨中：一种是结晶型化合物，主要成分是羟基磷灰石 $[Ca_{10}(PO_4)_6(OH)_2]$；另一种是非晶型化合物，主要含 $Ca_3(PO_4)_2$、$CaCO_3$ 和 $Mg_3(PO_4)_2$。

血液中的钙几乎都存在于血浆中。血钙正常含量为 9～12mg（以 100mL 血液计）。血钙以离子或与蛋白质结合或与其他物质结合的形式存在，以这 3 种形式存在的钙量分别占总血钙的 50%、45% 和 5%。血磷含量较高，一般为 35～45mg（以 100mL 血液计），主要以 $H_2PO_4^-$ 的形式存在于血细胞内。而血浆中磷含量较少，一般介于 4～9mg（以 100mL 血液计），生长骆驼的稍高，主要以离子状态存在，少量与蛋白质、脂类、糖类结合存在。

2. 缺乏 骆驼最易出现磷缺乏。

缺磷、钙主要表现：食欲减退、异食癖、生长减慢、生产力和饲料转化率下降、骨生长发育异常。

佝偻病是驼羔钙、磷缺乏所表现出的一种典型营养缺乏症。其表现为：行走步态僵硬或脚跛，甚至骨折；骨骼生长发育明显畸形，长骨末端肿大；骨矿物元素含量减少；血钙、血磷或两者含量均下降。

骨软化症是成年骆驼钙、磷缺乏所表现出的一种典型营养缺乏症。患骨软化症骆驼的肋骨和其他骨骼因大量沉积的矿物元素分解而形成蜂窝状，容易造成骨折、骨骼变形等。

骨松症是成年骆驼的另一种钙、磷营养代谢性疾病。患骨松症的骆驼，骨中矿物元素含量均正常，只是骨中的绝对总量减少而造成的功能不正常。引起骨松症的根本原因大致有二：一是骨基质蛋白质合成障碍，减少矿物元素沉积，使骨中的绝对总量减少；二是长期低钙摄入，使骨的代谢功能减弱、骨灰分减少和骨强度降低。后一种原因引起的骨松症可通过增加饲粮供给而消除。骆驼出现骨松症的情况很少见。

（二）镁

1. 含量和分布 骆驼体含 0.05% 的镁，其中 60%～70% 存在于骨骼中，占骨灰分的 0.5%～0.7%。骨镁的 1/3 以磷酸盐形式存在，2/3 吸附在矿物元素结构表面。存在于软组织中的镁占总镁的 30%～40%，主要存在于细胞内亚细胞结构中，线粒体内镁浓度特别高，细胞质中绝大多数镁以复合形式存在，其中 30% 左右与腺苷酸结合。肝细胞质中复合形式的镁达 90% 以上。细胞外液中镁的含量很少，占动物体总镁的 1% 左右。血中的 75% 镁在红细胞内。

2. 缺乏 反刍动物需镁量高，一般是非反刍动物的 4 倍左右，而且饲料中镁含量变化大、吸收率低，容易出现缺乏症。

缺镁主要表现：厌食、生长受阻、过度兴奋、痉挛和肌肉抽搐，严重的导致昏迷死亡。血液学检查表明，血镁降低，也可能出现肾钙沉积和肝中氧化磷酸化强度下降，外周血管扩张、血压下降、体温下降等症状。

（三）钠、钾、氯

1. 含量和分布 骆驼体内钠、钾、氯 3 种元素主要分布在体液和软组织中。钠主要分布在细胞外，大量存在于体液中，少量存在于骨中；钾主要分布在肌肉和神经细胞内；氯在细胞内外均有。

2. 缺乏和过量 3 种元素中任何一种缺乏均可表现食欲差、生长慢、失重、生产力下降和饲料转化率低等，同时可导致血浆中含量和粪尿中含量降低。因此，粪尿中 3 种元素的含量下降表明缺乏这 3 种元素。

一般情况下，骆驼能自己调节钠的摄入，食盐任食也不会有害，在供水充足时耐受力更强。但较长时间缺乏食盐时，任食食盐可导致中毒，其症状为：腹泻、极度口渴、产生类似于脑膜炎样的神经症状。饲草中钾过量，可降低镁的吸收率，因此当牧草大量施钾肥时可引起反刍动物低镁性痉挛。

（四）硫

骆驼体内含 0.15% 的硫，少量以硫酸盐的形式存在于血中，大部分以有机硫形式存在于肌肉组织、骨和齿中。毛、羽等中含硫量高达 4% 左右。

骆驼缺硫表现消瘦，蹄、毛生长缓慢，利用纤维素的能力降低，采食量下降。自然条件下硫过量的情况很少见。

（五）微量元素

1. 铁

（1）含量和分布 各种动物体内铁含量为 30～70mg/kg，平均 40mg/kg。随骆驼种类、年龄、性别、健康状况和营养状况不同，体内铁含量变化较大。肝、脾和骨髓是主要的储铁器官。

（2）缺乏和过量 缺铁的典型症状是贫血。其临床症状表现为生长慢、昏睡、可视黏膜变白、呼吸频率增加、抗病力弱，严重时死亡率高。血液检查表明，血红蛋白比正常值低。血红蛋白的含量可以作为判定贫血的指标，当血红蛋白低于正常值 25% 时表现贫血，低于正常值 50%～60% 时则可能表现出生理功能障碍。骆驼对过量铁的耐受力都较强。

2. 锌、铜

（1）含量和分布 多数哺乳动物和禽类体内含锌量介于 10～100mg。锌在体内的分布不均衡，骨骼肌中占体内总锌的 50%～60%，骨骼中占体内总锌的 30%，皮和毛中含锌量随动物种类不同而变化较大。

动物体内平均含铜量为 2～3mg/kg，其中有 50% 在肌肉组织中。肝是体铜的主要储存器官。

（2）缺乏 骆驼缺锌可出现食欲低、采食量和生产性能下降、皮肤和被毛损害、雄驼生殖器官发育不良、母驼繁殖性能降低和骨骼异常等临床症状。

皮肤不完全角质化症是骆驼缺锌的典型表现。出现此症的骆驼，皮肤变厚角化，但上皮细胞和核未完全退化。

自然条件下缺铜与地区和动物种类有关。草食动物常出现缺铜现象，只有在纯合饲粮或其他特定饲粮条件下才可能出现缺铜现象。骆驼长时间缺铜可表现贫血。各种贫血可能是因缺铜降低了含铜酶在铁代谢中的作用，使血红蛋白合成和红细胞形成受阻。

3. 锰

（1）含量、分布和营养作用　动物体内锰含量较低，为 0.2～0.3mg/kg。骨、肝、肾、胰腺含量较高，为 1～3mg/kg；肌肉中含量较低，为 0.1～0.2mg/kg。骨中锰占总体锰量的 25%，主要沉积在骨的无机物中，有机基质中含量少。

锰的主要营养生理作用是在糖类、脂类、蛋白质和胆固醇代谢中作为酶活化因子或组成部分。此外，锰还是维持大脑正常代谢功能必不可少的物质。

（2）缺乏和过量　骆驼缺锰可导致采食量下降、生长减慢、饲料转化率降低、骨异常、共济失调和繁殖功能异常等。骨异常是缺锰的典型表现。缺锰导致骨异常的原因主要是不能使糖基转移酶活化而影响黏多糖和蛋白质合成，使钙化缺乏沉积基质，造成单位骨基质矿物元素沉积过量，骨变粗变短。

锰过量可引起骆驼生长受阻、贫血和胃肠道损害，有时出现神经症状。骆驼耐受能力可能随锰的颉颃物含量增加而增大。

4. 硒

（1）含量、分布和营养作用　体内硒含量为 0.05～0.2mg/kg。肌肉中总硒含量最多，肾、肝中含硒量最高，体内硒一般以与蛋白质结合的形式存在。

硒最重要的营养作用是参与谷胱甘肽过氧化物酶（gluthathione peroxidase，GSH-px）组成，对体内氢或脂过氧化物有较强的还原作用，保护细胞膜结构完整和功能正常。肝中此酶活性最高，骨骼肌中最低。硒对胰腺组成和功能有重要影响。硒有保证肠道脂肪酶活性，促进乳糜微粒正常形成，从而促进脂类及其脂溶性物质消化吸收的作用。

骆驼对补硒较敏感，根据 Rabiha-Seboussi（2013）研究，给妊娠母驼口服硒，2 周后测定血清和奶中硒的含量，硒的浓度是对照组的 3 倍。在阿拉伯联合酋长国，也做过类似的补硒试验，通过给骆驼和奶牛补喂富含不同形式硒的浓缩物，观察硒的吸收情况。相似的硒补充给骆驼和奶牛（每天 2mg，持续 2 个月），观察到骆驼的血浆硒含量（血液中硒的含量是补充前的 10 倍）比奶牛（血液中硒的含量是补充前的 2 倍）高得多。结果表明，血浆硒水平是影响骆驼口服用量的敏感指标。

（2）缺乏　缺硒动物组织中硒水平下降。血中 GSH-px 和鸟氨酸-氨甲酰转移酶活性下降。实际生产条件下可单独出现肝坏死，也可与肌肉营养不良（nutritional muscular dystrophy，NMD）或白肌病（white muscle disease，WMD）及桑葚心（mulberry heart disease，MHD）同时出现。

目前，骆驼对硒的代谢尚未完全清楚，也无法确定骆驼对硒缺乏或毒性是否有特定的敏感性。国外报道，骆驼补喂硒的试验中，硒的消耗也更快。不补充硒 1 个月后，血浆硒水平恢复正常。这似乎表明骆驼比奶牛能更有效地吸收和排泄硒。

5. 碘

（1）含量、分布和营养作用　动物体内平均含碘量为 0.2～0.3mg/kg，分布于全身组织细胞，70%～80%存在于甲状腺内，是单个微量元素在单一组织器官中浓度最高的元素。血中碘以甲状腺素形式存在，主要与蛋白质结合，少量游离存在于血浆中。

碘作为必需微量元素最主要的功能是参与甲状腺组成，调节代谢和维持体内热平衡，对繁殖、生长、发育、红细胞生成和血液循环等起调控作用。体内一些特殊蛋白质（如皮毛角质蛋白质）的代谢和胡萝卜素转变成维生素 A 都离不开甲状腺素。

（2）缺乏　骆驼缺碘，因甲状腺细胞代偿性实质增生而表现肿大，生长受阻，繁殖力下降。妊娠骆驼缺碘可导致胎儿死亡和重吸收，产死胎、体弱、初生重低、生长慢、成活率低。生化检查表明，缺碘的骆驼血中甲状腺素浓度下降、细胞氧化能力下降、基础代谢率降低。

缺碘可导致甲状腺肿，但甲状腺肿不全是因为缺碘。十字花科植物中的含硫化合物和其他来源的高氯酸盐、硫脲或硫脲嘧啶等都能造成类似缺碘一样的后果。

6. 钴

（1）分布　体内钴分布比较均匀。各种动物不存在组织器官集中分布的情况。

（2）代谢　钴的吸收率不高，采食的钴 80% 随粪排出。反刍动物对可溶性钴的吸收比非反刍动物更差。在饲粮正常钴水平条件下，瘤胃微生物仅把 3% 左右的钴转变成维生素 B_{12}，其中仅能吸收 20% 左右。在缺钴条件下，微生物合成维生素 B_{12} 的量可提高到 13%，但吸收率则下降到 3% 左右。

（3）缺乏和过量　骆驼缺钴表现为食欲差、生长慢或失重、严重消瘦、异食癖和极度贫血死亡。亚临床缺钴，一般表现为生长不良、产奶量下降、初生幼驼体弱、成活率低等。生化检查表明，肝、肾中维生素 B_{12} 水平下降，瘤胃中钴和维生素 B_{12} 低于正常水平，血清中维生素 B_{12} 水平显著下降。

各种动物对钴的耐受力都比较强，达 10mg/kg。饲粮中钴的含量超过需要量的 300 倍可发生中毒反应。骆驼的主要表现是肝钴含量增高，采食量和体重下降，消瘦和贫血。

7. 钼　饲粮低钼低硫时，血中钼主要存在于红细胞内；饲粮高钼高硫时，则主要在血浆中以铜-钼蛋白存在。钼吸收率为 30%。反刍动物能有效吸收水溶性的钼和高钼饲草中的钼。

8. 氟

（1）分布、营养作用　体内氟主要存在于骨和齿中，摄入氟的 60%～80% 以氟磷灰石形式沉积于骨与齿中。

氟的主要作用是保护牙齿健康（因氟的杀菌作用），增加牙齿强度，预防成年骆驼发生骨松症和增加骨强度。

（2）代谢　氟的吸收比较有效，吸收率可达 80%～90%。不同化学形式的氟吸收率差异很大，骨粉中氟吸收率仅有 45% 左右。

（3）缺乏和过量　一般生产条件下不易缺氟。氟中毒的主要表现是牙齿变色、齿形态变化、永久齿可能脱落；软骨内骨生长减慢，骨膜肥厚，钙化程度降低；血氟含量明显增加。实际生产中钴中毒具有明显的地区性。

9. 铬

（1）分布　体内铬分布较广，浓度很低，集中分布不明显。骆驼随年龄增加，体内铬含量减少。

（2）代谢　铬吸收率很低，为0.4%～3%。六价铬比三价铬易吸收。草酸促进铬吸收，而铁、锌、植酸降低铬的吸收量。

（3）过量　各种动物对铬的耐受力都较强。对铬的氧化物可耐受3 000mg/kg，铬的氯化物可耐受1 000mg/kg。超过此限量则发生中毒。六价铬的毒性比三价铬大。

中毒的主要表现为接触性皮炎、鼻中隔溃疡或穿孔，甚至可能发生肺癌。急性中毒的主要表现是胃炎或充血，反刍动物瘤胃或皱胃发生溃疡。

第六节　维生素的营养

一、概述

维生素是动物代谢所必需而需要量极少的一类低分子有机化合物，主要以辅酶和催化剂的形式广泛参与体内代谢的多种化学反应，从而保证机体组织器官的细胞结构和功能正常，以维持动物的健康和各种生产活动。维生素不是形成机体各种组织器官的原料，也不是能源物质。对维生素所表现的营养作用的认识，往往先于其化学结构和性质。不少维生素的生物学功能目前还没有彻底搞清楚，而且也没有一个满意的为大家所接受的维生素定义。

目前，已确定的维生素有14种，按其溶解性可分为脂溶性维生素和水溶性维生素两大类。家畜体内一般不能合成维生素，必须由饲粮提供，或者提供其先体物。反刍动物瘤胃的微生物能合成机体所需的B族维生素和维生素K。

维生素的需要受其来源、饲粮（料）结构与成分、饲料加工方式、贮藏时间、饲养方式（如集约化饲养）等多种因素的影响。为保证畜产品的质量和延长贮藏时间，增强机体免疫力和抗应激能力，都倾向于增加某些维生素在饲粮中的添加量，有时可超过需要量10倍。

维生素缺乏可引起机体代谢紊乱，发生一系列缺乏症，影响动物健康和生产性能，严重时可导致动物死亡。骆驼的抗逆性较强，在实际养殖中观察，放牧的骆驼较少出现维生素缺乏症，偶有发生主要集中在春末夏初，牧草返青前的时期。但舍饲半舍饲骆驼，尤其是泌乳驼养殖过程中，常出现维生素缺乏症，分析原因，主要是因驼乳中含有丰富的维生素，泌乳的营养需求加大了母驼从饲草料中补充的量，如果采食或补喂的牧草及精饲料的量不足或营养不全，就会出现维生素缺乏症。

维生素对所有家畜的生产力影响都较大，轻微缺乏会导致产奶量下降，奶中的乳脂、乳蛋白、非乳脂固体物、乳糖含量下降。严重的会出现夜盲症、乏弱无力、生产力下降等典型症状。根据报道，在泌乳驼日粮中添加2%和4%的复合维生素，驼乳中非脂、乳糖及乳蛋白含量与对照组相比分别增加了 10.75%（$P<0.05$）、16.12%（$P<0.01$），7.52%（$P<0.05$）、11.02%（$P<0.05$）和 5.15%（$P<0.05$）、10%（$P<0.01$）（表 2-2）。

表 2-2　复合维生素对驼乳成分的影响（$n=32$）

乳成分	对照组	试验组 1	试验组 2
乳脂（%）	6.14 ± 0.18^a	6.80 ± 0.31^b	7.31 ± 0.14^c
非脂（%）	9.44 ± 1.37^a	10.15 ± 0.05^b	10.48 ± 0.05^c
乳蛋白（%）	3.50 ± 0.07^a	3.68 ± 0.06^b	3.85 ± 0.04^c
灰分（%）	0.75 ± 0.02	0.73 ± 0.03	0.75 ± 0.04
乳糖（%）	5.47 ± 0.08	5.40 ± 0.16	5.43 ± 0.11

资料来源：古丽帕夏·吐尔逊，2016。

注：1. 同行上标不同小写字母表示差异显著（$P<0.05$），相同小写字母表示差异不显著（$P>0.05$）。

　　2. 维生素预混料中，维生素 A 含量>8mg/kg、维生素 C 含量$>1\ 200$mg/kg、维生素 D_3 含量>2mg/kg、维生素 E 含量>800mg/kg。

　　骆驼的生存环境与其他反刍动物不同，恶劣的生存环境促使骆驼产生适应环境的保护机制，从表 2-3 可知，与牛乳相比，双峰驼乳中的维生素 B_1 含量较少，维生素 B_2 与牛乳含量相差不多，驼乳中维生素 A、维生素 E 的含量均高于牛乳，这对于生活在干旱地区的驼羔的生长发育来说十分重要。

表 2-3　双峰驼乳中维生素含量与单峰驼乳和牛乳的比较（mg/L）

维生素种类	双峰驼乳		单峰驼乳	牛乳
	30d	90d		
维生素 A	1.01	0.97	0.15	0.10
维生素 D	692	640	—	—
维生素 E	1.33	1.45	—	0.53
维生素 B_1	0.101	0.124	$0.33\sim0.60$	$0.28\sim0.90$
维生素 B_2	1.07	1.24	$0.42\sim0.80$	$1.2\sim2.0$
维生素 B_6	0.49	0.54	0.52	$0.40\sim0.63$
维生素 B_{12}	—	—	0.002	$0.002\sim0.007$
维生素 C	15.70	29.60	$24\sim52$	$3\sim23$
烟酸	—	—	$4\sim6$	$0.5\sim0.8$
泛酸	—	—	0.88	$2.6\sim4.9$

资料来源：吉日木图，2005。

二、维生素功用与缺乏症

（一）维生素 A

1. 特性和功用　维生素 A 是含有 β-白芷酮环的不饱和一元醇。它有视黄醇、视黄醛和视黄酸 3 种衍生物，每种都有顺、反 2 种构型，其中以反式视黄醇效价最高。维生素 A 与视觉、上皮组织、繁殖、骨骼的生长发育、脑脊髓液压、皮质酮的合成以及癌的发生都有关系。维生素 A 只存在于动物体中，植物中不含维生素 A，而含有维生素 A 原（先体）——胡萝卜素。动物可以通过采食饲草料，将其中的胡萝卜素转化为机体所需的维生素 A。

目前，关于维生素 A 缺乏引起骆驼的一系列病变的机理还了解不多。老弱乏瘦骆驼、植被稀少草场上的驼群及春末夏初等几种情况易发生维生素 A 缺乏症。

各种动物转化 β-胡萝卜素为维生素 A 的能力不同，如果以家禽的转化能力为 100%，猪、牛、羊、马只有 30% 左右（表 2-4）。骆驼将 β-胡萝卜素转化为维生素 A 的能力测定目前没有见相关报道。根据实际饲养观察，常年放牧的骆驼很少出现维生素 A 缺乏症，主要原因是骆驼行走能力强，24h 可走 30～50km，采食范围大，可采食的牧草种类较多，许多牧草含有胡萝卜素，丰富的牧草足够骆驼转化出生理需求的维生素 A。舍饲半舍饲的骆驼容易出现维生素 A 缺乏症，主要原因是舍饲半舍饲骆驼的放牧场一般不大，或者有围栏，骆驼一般是早上放出圈舍，晚上回到圈舍，长期在一块草场吃草及采食范围固定，容易出现骆驼喜爱的牧草过度采食，导致草场牧草营养价值下降，牧草中的胡萝卜素含量不高，同等牧草中实际营养摄入相对不足。

表 2-4　不同动物将 β-胡萝卜素转化为维生素 A 的效价

动物	每 1mg β-胡萝卜素转化为维生素 A 的量（IU）	相当于维生素 A 的量（IU）（以胡萝卜素估计）（%）
标准	1 667	100
肉牛	400	24
奶牛	400	24
绵羊	400～450	24～30
猪	500	30
生长马	555	33.3
繁殖马	333	20
家禽	1 667	100
犬	833	50
鼠	1 667	100
狐狸	278	16.7
猫	不能利用胡萝卜素	—
水貂	不能利用胡萝卜素	—
人	556	33.3

2. 缺乏症状　初期为视力减弱，早晚进出圈舍时经常碰撞圈门或围栏，在放牧场中常有骆驼撞倒围栏被围栏铁丝缠住。中、后期表现为结膜炎，经常流眼泪，常继发干眼症，眼部单侧或双侧眼睑肿胀黏合；皮肤干燥，脱屑，被毛蓬乱无光泽，脱毛；

幼畜生长缓慢，体重下降；成畜营养不良，衰弱乏力，生产性能低下，繁殖力下降，或出现胎儿发育不全，先天性缺陷或畸形。

3. 来源与补充 维生素 A 来源于动物产品，主要是鱼肝油，多以脂的形式存在。植物中不含或极少含维生素 A，骆驼所需的维生素 A 主要由饲草料中的胡萝卜素转化后补充。

维生素 A 和胡萝卜素易被氧化破坏，尤其是在湿热和与微量元素及酸败脂肪接触的情况下。在无氧黑暗处较稳定，在 0℃ 以下的暗容器内可长期保存。自然状态下，豆科牧草和青绿饲料中胡萝卜素含量较多，幼嫩的比老的含量多。

青绿饲料在干燥、加工和贮藏过程中，受到加工的方式、方法、机械设备等条件的影响，饲草料中所含胡萝卜素易遭氧化破坏而含量差异较大。牧草在收割 2～4h 后，营养物质损失量最大，胡萝卜素的损失（高达 27%～28%）主要来自酶反应。高温条件下损失更大。这种酶反应在完全干燥时才停止。在正常情况下，干草中胡萝卜素的含量每个月损失 6%～7%。刈割和干燥之间的间隔时间越短，胡萝卜素损失量越小，草粉的质量越好。刈割后在 80～100℃ 的条件下快速烘干、切碎制成草粉，胡萝卜素的损失量最小，快速晒干的绿色牧草胡萝卜素的损失可降低到 5%。强烈的紫外线照射对干草中胡萝卜素的含量有很大影响。在紫外线的作用下，氨基酸和维生素的分解加速。阴干的牧草比阳光下晒干的牧草胡萝卜素含量高 8%（表 2-5）。

表 2-5　用各种方法干燥时苜蓿干草和草粉中粗蛋白质、
必需氨基酸和胡萝卜素的含量

指标	原始含量 (mg/kg)	间隔时间* （占原始含量的比例，%）			干燥方法（占原始含量的比例，%）	
		0	40	120	阳光下晾晒	悬挂阴干
胡萝卜素	320	89	73	45	19	27
粗蛋白质	230	99	96	86	61	78
赖氨酸	15.7	95	85	70	39	52
蛋氨酸	3.9	97	92	54	41	62
色氨酸	8.0	90	88	74	60	71
苯丙氨酸	8.0	90	88	74	60	71
精氨酸	11.1	99	90	68	48	60
亮氨酸	26.3	96	92	62	43	57
苏氨酸	9.2	93	90	76	55	70
缬氨酸	9.7	97	93	84	52	65
总量	94.3	95	90	93	84	52

注：* 指刈割和干燥间隔时间，单位为分钟（min）。

（二）维生素 D

1. 特性和功能 维生素 D 最基本的功能是促进肠道钙、磷的吸收，提高血液中钙和磷的水平，促进骨的钙化。维生素 D 是骨正常钙化所必需的。佝偻病的产生除了钙、磷代谢障碍的影响外，维生素 D 缺乏也是一个重要因素。

此外，维生素 D 与肠黏膜细胞的分化有关。缺乏维生素 D 的大鼠和雏鸡的肠黏膜微绒毛长度仅为采食正常饲粮的 70%～80%。1-25 (OH)$_2$-D$_3$ 有可能促进腐胺的合成，而腐胺与细胞分化和增殖有关。已有实验证明，维生素 D 可促进肠道中钴、铁、锰、锌及其他元素的吸收。

2. 缺乏症状 维生素 D 缺乏，肠道对钙、磷的吸收能力降低，血钙、血磷水平下降，致使钙、磷不能在骨生长区的基质中沉积而转化为骨质，还会使原有形成骨骼脱钙，引起骨骼病变。病程一般较缓慢，经过 1～3 个月才出现明显症状。初期表现为发育迟缓，精神不振，消化不良，常伴有舐食圈墙、砖头等异食行为，喜卧不喜动，被毛无光泽。长期缺乏可致骨骼变形、骨质疏松，骨折的概率增高。

缺乏维生素 D 的骆驼从骨组织变化看，第 1 阶段，骨生长板肥大，骺生长板肥大增宽，其软骨细胞正常，在干骺端靠近骺生长板侧沿骨小梁有轻度的成骨细胞增生，干骺端骨小梁及沿皮质骨内出现轻度破骨细胞性骨吸收。第 2 阶段，增长带轻度增宽，肥大带明显增宽，呈现活跃的软骨内骨化。软骨内骨化由骨干一侧伸向宽增宽的肥大带，最后骨化带变粗，含有大量形态不规则的类骨小梁、许多成骨细胞和破骨细胞。异常的骨内膜骨化由干骺端向骨干发展，特别是沿着皮质骨内表面延伸。皮质骨中，出现破骨细胞性骨吸收，矿物元素沉积不足和异常的骨膜骨化。破骨细胞性骨吸收最常发生于哈佛氏管周围。

第 3 阶段，增宽的肥大带因软骨内骨化而完全呈现松质化并明显变窄，以致骺生长板主要由增宽的增生带构成。此期异常的骨内膜骨化和破骨细胞性骨吸收在干骺端极为明显，骨髓腔大部分被异常新生的造骨组织取代，骨髓组织仅残留于骨干的中央区域。皮质骨内侧，更为活跃的破骨细胞性骨吸收致使骨组织呈海绵状。

3. 补充与防治 太阳光照射是获得维生素 D 最廉价来源的方式之一。牧草在收获季节通过太阳光照射，维生素 D$_2$ 含量大大增加。人和动物皮肤的分泌物中也含有 7-脱氢胆固醇，经照射可转变成维生素 D$_3$ 的活性形式，而且可被皮肤吸收。

动物机体也能贮藏相当的维生素 D。孕期食入丰富的维生素 D，可使新生幼畜有较多的储备。因此，饲粮中维生素 D 的补充需视具体情况而定。一般在工厂化封闭饲养条件下可适当增加维生素 D 喂量。繁殖母畜需要也较多。实际生产中，常在日粮中添加含有维生素 A、维生素 D 的复合维生素。因钙和磷在骨成长的比例关系，在饲料中补充钙、磷的比例要保持在（1～2）：1，对于妊娠、泌乳母畜，除保证全价饲料外，还可补给钙、磷和维生素 D。

对于出现明显缺乏症状的骆驼，要及时采取药物治疗的方式，补充鱼肝油或鱼肝油丸（浓缩鱼肝油）。剂量按每 100kg 体重 4～6mL，口服，或注射维生素 A、维生素 D 的复合注射液，驼羔 3～4mL，2～3 岁的小骆驼 4～5mL，4 岁以上的骆驼 5～6mL。一次性肌内注射，可保持 3～6 个月不发生维生素 D 缺乏症。

（三）维生素 E

1. 功能 维生素 E 也称生育酚，关于维生素 E 的功能目前还不十分清楚。天然的维生素 E 有 8 种，其中以 d-α-生育酚活性最高。维生素 E 是体内强抗氧化剂，与微量元素硒在生物活性方面极其相似，而且在体内有协同作用。

2. 缺乏症 维生素 E 的缺乏症是多样化的，涉及多种组织和器官。维生素 E 缺乏会使体内不饱和脂肪酸过度氧化细胞和溶酶体遭受损伤，释放出各种溶酶体，导致组织器官变性等退行性病变，表现为血管机能障碍（孔隙增大、通透性增强），血液内外渗，神经机能失调（抽搐、痉挛、麻痹），繁殖机能障碍（公畜睾丸变形，母畜卵巢萎缩、不孕），以及内分泌机能失调等。

成年骆驼较少发病，驼羔对维生素 E 的缺乏较敏感，主要表现为肌肉营养不良，出现肌肉软弱无力、行走困难、运动障碍、波形后躯、肌肉麻痹或瘫痪、心脏衰竭。

维生素 E 的营养状况一般可通过血浆或血清中生育酚的浓度来判定。大多数动物，当血浆中维生素 E 的浓度低于 $0.5\mu g/mL$ 时，表明维生素 E 缺乏；浓度介于 $0.5\sim1\mu g/mL$ 时表明临界缺乏。

3. 来源与需要 植物能合成维生素 E，因此维生素 E 广泛存在于家畜的饲料中。所有谷类粮食都含有丰富的维生素 E，特别是种子的胚芽中。青绿饲料、优质干草也是维生素 E 很好的来源，尤其是苜蓿中含量很丰富。青绿饲料（以干物质计）中维生素 E 的含量一般较谷类籽实高出 10 倍之多。小麦胚油、豆油、花生油和棉籽油维生素 E 含量也很丰富。但浸提油饼类缺乏维生素 E，动物性饲料中含量也很少。在饲料的加工和储存中，维生素 E 损失较大，半年可损失 $30\%\sim50\%$。

由于维生素 E 分布广泛，家畜饲粮中一般不需额外补充。

准确确定维生素 E 的需要量很困难，因受饲料中不饱和脂肪酸等多种因素的影响，其需要量随饲粮不饱和脂肪酸、氧化剂、维生素 A、类胡萝卜素和微量元素的量的增加而增加，随脂溶性抗氧化剂、含硫氨基酸和硒水平的提高而减少。

（四）维生素 K

1. 特性和效价 现已知有多种具有维生素 K 活性的萘醌化合物。天然存在的维生素 K 活性物质有叶绿醌（维生素 K_1）和甲萘醌（维生素 K_2）。前者为黄色油状物，由植物合成；后者是淡黄色结晶，可由微生物和动物合成。维生素 K 耐热，但对碱、强酸、光和辐射不稳定。

各种维生素 K 的生物学活性是不同的，但维生素 K_1 和维生素 K_2 的生物学活性相当。合成的甲萘醌系列产品生物学活性相差较大，这主要取决于产品的稳定性和饲粮组成成分。饲粮中存在的维生素 K 颉颃物明显影响维生素 K 的活性。例如，霉变的三叶草，因存在香豆素的衍生物，会降低维生素 K 的活性。

2. 功能与缺乏症 目前所知，维生素 K 不像前 3 种脂溶性维生素那样具有较广泛的功能。它主要是参与凝血活动，是凝血酶原（因子Ⅱ）、斯图尔特因子（因子Ⅹ）、转变加速因子前体（因子Ⅶ）和血浆促凝血酶原激酶（因子Ⅸ）的激活所必需的。维生素 K 缺乏，凝血时间延长。

依赖维生素 K 的羧化酶系统除对凝血有重要作用外，也与钙结合蛋白质的形成有关，钙结合蛋白质可能在骨钙化中起作用。

维生素 K_1 广泛存在于植物体内，而维生素 K_2 又可为肠道维生素所合成，因此在正常的饲养和生理条件下，骆驼极少发生维生素 K 缺乏症，出现缺乏症常见于以下情况：饲喂的饲草料中含有颉颃维生素 K 的物质，主要原因是这些物质在体内对维生素 K 竞争性地抑制，妨碍了维生素 K 的作用。长期大量服用广谱抗生素，导致肠道内微生物合成维生素 K 的能力受到抑制。胆汁分泌不足、长期服用矿物油、动物肠道疾病等因素，使肠道吸收维生素 K 的能力下降。

3. 来源和需要　青绿饲料是维生素 K 的丰富来源，其他植物饲料含量也较多。肝、蛋和鱼粉中含有较丰富的维生素 K_2。

反刍动物瘤胃微生物能合成足够需要的维生素 K。肠道微生物也能合成，一般不需补充维生素 K。

当出现条件性缺乏症状病畜时，可每千克饲料中添加 3～8mg 维生素 K_3。当应用维生素 K_3 治疗时，最好同时给予钙剂。对吸收障碍的病例，在口服维生素 K 制剂时需同时服用胆碱。

三、水溶性维生素

目前，已确定的水溶性维生素共有 10 种，另有几种没有完全确定，常称为类维生素或假维生素。水溶性维生素主要有以下特点：①水溶性维生素可从食物及饲料的水溶物中提取。②除含碳、氢、氧元素外，多数都含有氮，有的还含硫或者钴。③B 族维生素主要作为辅酶，催化糖类、脂肪和蛋白质代谢中的各种反应。多数情况下，缺乏症无特异性，而且难以与其生化功能直接相联系。食欲下降和生长受阻是共同的缺乏症状。④B 族维生素多数通过被动的扩散方式吸收，但在饲粮供应不足时，可以主动的方式吸收。维生素 B_{12} 的吸收较特殊，需要胃分泌的一种内因子帮助。⑤除维生素 B_{12} 外，水溶性维生素几乎不在体内储存。⑥主要经尿排出（包括代谢产物）。

所有水溶性维生素都为代谢所必需。骆驼瘤胃微生物能合成足够骆驼所需的 B 族维生素，一般不需饲粮提供，但瘤胃功能不健全的幼年骆驼除外。猪肠道微生物也能合成，但难以吸收。家禽肠道短，微生物合成有限，吸收利用的可能性更小，一般需饲粮供给。工厂化饲养，食粪机会少，单胃动物对饲粮提供的 B 族维生素需要量增加。

大多数动物能在体内合成一定数量的维生素 C。在高温、运输、疾病等逆境情况下，动物对维生素 C 的需要量增加。

水溶性维生素的营养状况一般通过以下几个方面进行检测：①血液和尿中维生素的浓度。②维生素的功能酶的代谢产物含量。③以维生素为辅酶的特异性酶的活性。

相对于脂溶性维生素而言，水溶性维生素一般无毒性。

（一）维生素 B_1（硫胺素）

1. 特性　维生素 B_1 在细胞中的功能是作为辅酶（羧辅酶），参与 α-酮酸的脱羧反应而进入糖代谢和三羧酸循环。硫胺素也可能是神经介质和细胞膜的组成成分，参与脂肪酸、胆固醇和神经介质乙酰胆碱的合成，影响神经节细胞膜中钠离子的转移，降低磷酸戊糖途径中转酮酶的活性而影响神经系统的能量代谢和脂肪酸的合成。

2. 缺乏症 当维生素 B_1 缺乏时，骆驼出现多发性神经炎。由于血液和组织中丙酸及乳酸的积累，丙酮酸不能被及时氧化，就会造成神经组织中丙酮酸和乳酸堆积，同时能量供应也减少，以至影响神经组织及心肌的代谢机能。

3. 来源与补充 饲草料是骆驼维生素 B_1 的主要来源。酵母是维生素 B_1 最丰富的来源，谷物含量也较多，胚芽和种皮是维生素 B_1 主要存在的部位。成熟的干草含量低，加工处理后比新鲜时少、带叶片的多少、绿色状况以及蛋白质含量多少都影响维生素 B_1 的含量。优质绿色干草含量丰富。饲料在干燥天气下加工储存时损失较少，湿热条件（烹饪）将大量损失。

瘤胃及肠道微生物合成是骆驼维生素 B_1 的另一重要来源。饲粮中糖类含量增加，骆驼对维生素 B_1 的需要量也增加。一些饲料含有抗维生素 B_1 因子，如许多鱼类产品中含有维生素 B_1 酶，实际应用中有些颗粒饲料中的钙、磷主要靠鱼粉提供，购买这类饲料时要仔细查阅主要成分，饲喂骆驼时要注意维生素 B_1 的吸收效果，必要时增加富含维生素 B_1 的牧草饲喂量。棉籽和咖啡酸中的 3,5-二甲基水杨酸以及羊齿草中也含有抗维生素 B_1 因子。另外，饲料受念珠状镰刀菌侵袭、动物被疾病感染等情况下，对维生素 B_1 的需要量都将增加。

（二）维生素 B_2（核黄素）

1. 特性 维生素 B_2 是组成体内 12 种以上酶系统的活性部分，这些酶参与糖类、蛋白质、核酸等的代谢，具有提高蛋白质在体内的沉积量、促进生长发育、提高饲料转化率的作用。此外，维生素 B_2 还有保护皮肤红囊黏膜及皮下腺的功能。

2. 缺乏症 由于维生素 B_2 广泛存在于植物组织中，如多汁饲料、青绿饲料、蔬菜瓜果等，许多动物自身及其体内的微生物也能合成，通常成年草食动物不易缺乏，主要发生于家禽、猪等，幼年草食动物偶有发生。发病动物出现生长不良、厌食、流涎、皮炎等症状。

维生素 B_2 的缺乏症常通过补充维生素 B_2 后，症状能否减轻来确诊。

3. 来源与补充 维生素 B_2 能由植物、酵母菌、真菌和其他微生物合成，但骆驼本身不能合成。骆驼对肠道微生物合成的维生素 B_2 的利用情况与维生素 B_1 类似。在瘤胃内的合成受饲粮蛋白质、糖类和粗纤维比例的影响，合成量随饲粮能量水平和蛋白质水平的增加而增加，但随进食量的增加而减少；蛋白质水平过高，维生素 B_2 的合成量也减少。苜蓿中维生素 B_2 的含量较丰富，鱼粉和饼粕类次之。酵母、乳清和酿酒残液以及动物的肝中含维生素 B_2 很多。谷物及其副产品中维生素 B_2 含量少。饲喂玉米-豆饼型饲粮的骆驼易出现维生素 B_2 缺乏症。

（三）维生素 B_5（烟酸）

1. 特性 又称尼克酸，是吡啶的衍生物，其很容易转变成尼克酰胺。尼克酸和尼克酰胺都是白色、无味的针状结晶，溶于水，耐热。3-乙酰吡啶、吡啶 3-磺酸和抗结核药物异烟肼（雷米封）是尼克酸的颉颃物。

维生素 B_5 主要通过烟酰胺腺嘌呤二核苷酸（NAD）和烟酰胺腺嘌呤二核苷酸磷酸（NADP）参与糖类、脂类和蛋白质的代谢，尤其在体内供能代谢的反应中起重要作用。NAD 和 NADP 也参与视紫红质的合成。

2. 缺乏症　骆驼瘤胃微生物能合成维生素 B_5，一般不发生缺乏症。但骆驼舍饲条件下，特别是饲喂高营养浓度饲粮高产的泌乳驼，饲粮中亮氨酸、精氨酸和甘氨酸过量，色氨酸不足，能量浓度高，以及含有腐败的脂肪等，都将增加骆驼对维生素 B_5 的需要，当饲料中营养不均衡并长期饲喂，偶有母驼发生维生素 B_5 缺乏症。临床上以皮肤和黏膜代谢障碍、消化功能紊乱、被毛粗糙、皮屑增多和神经症状为特征。

3. 来源与补充　全麦粉、植物性饲料、水果蔬菜中含量都很高。酵母、米糠中维生素 B_5 含量较高。维生素 B_5 对热稳定，对化学、空气、酸、碱也不敏感，正常的饲料加工方法不会影响饲料中维生素 B_5 的含量。生产中，主要是多种饲料的搭配饲喂，避免饲喂单一的玉米饲料。

（四）维生素 B_6

1. 特性　又称吡哆素，包括吡哆醇、吡哆醛和吡哆胺 3 种吡啶衍生物。维生素 B_6 的各种形式对热、酸和碱稳定；遇光，尤其是在中性和碱性溶液中易被破坏。强氧化剂很容易使维生素 B_6 变成无生物学活性的 4-吡哆酸。合成的吡哆醇是白色结晶，易溶于水。维生素 B_6 的功能主要与蛋白质代谢的酶系统相联系，也参与糖类和脂肪的代谢，涉及体内 50 多种酶。

2. 缺乏症　由于来源广而丰富，生产中，骆驼没有明显的缺乏症。

3. 来源与补充　骆驼主要从牧草中摄取维生素 B_6，自然状态下，维生素 B_6 广泛分布于饲料中，酵母、肝、肌肉、乳清、谷物及其副产品和蔬菜都是维生素 B_6 的丰富来源。

（五）泛酸（维生素 B_3、遍多酸）

1. 特性　维生素 B_3 是两个重要辅酶，即辅酶 A 和酰基载体蛋白质（ACP）的组成成分。辅酶 A 是糖类、脂肪和氨基酸代谢中许多乙酰化反应的重要辅酶，在细胞内的许多反应中起重要作用。ACP 在脂肪酸碳链的合成中有相当于辅酶 A 的作用。并已证明，ACP 与辅酶 A 有类似的酰基结合部位。

2. 缺乏症　常用饲粮一般不会缺乏维生素 B_3。饲粮能量浓度增加，骆驼对维生素 B_3 的需要量也增加。在日常饲喂中突然增加以玉米为单一来源的饲粮，饲喂一段时间后，骆驼会出现轻微的维生素 B_3 缺乏症。常表现为皮炎、皮屑增多、斑状脱毛。高纤维饲粮可使瘤胃微生物的维生素 B_3 合成量减少，而高水平的可溶性糖类可促进泛酸的合成。

3. 来源与补充　维生素 B_3 广泛分布于动植物体中，苜蓿干草、花生饼、糖蜜、酵母、米糠和小麦麸中含量丰富；谷物的种子及其副产品和其他饲料中含量也较多。

（六）维生素 B_7（生物素）

1. 特性　是生脂酶、羧化酶等多种酶的辅酶，参与脂肪、蛋白质和糖类的代谢，维生素 B_7 与蛋白质结合生成促生物素酶，有脱羧和固定二氧化碳的作用。维生素 B_7 可影响骨骼的发育、羽毛色素的形成以及抗体的生成等。

2. 缺乏症　维生素 B_7 分布广泛，骆驼可从饲草料中摄取，一般不缺乏。如在饲料加工和贮藏过程中维生素 B_7 被破坏、肠道和呼吸道感染、服用抗菌药（磺胺类）、饲喂维生素 B_7 含量少的饲料，也可出现维生素 B_7 缺乏症。实际生产中，以口服抗菌药（磺胺类）引起维生素 B_7 缺乏症的情况较多。

缺乏症一般表现为生长不良、皮炎以及被毛脱落。

3. 来源与补充　维生素 B_7 广泛分布于动植物组织中，全麦粉、马铃薯、豌豆、水果等中含量丰富，但玉米和蚕豆中含量较少，酵母中含量最为丰富。

（七）维生素 B_{11}（叶酸）

1. 特性　维生素 B_{11} 也称蝶酰谷氨酸。它是橙黄色结晶粉末，无臭无味。维生素 B_{11} 有多种生物活性形式。维生素 B_{11} 在一碳单位的转移中是必不可少的，通过一碳单位的转移而参与嘌呤、嘧啶、胆碱的合成和某些氨基酸的代谢。维生素 B_{11} 缺乏可使嘌呤和嘧啶的合成受阻，核酸形成不足，使红细胞的生长停留在巨红细胞阶段，最后导致巨红细胞贫血。同时，也影响血液中白细胞的形成，导致血小板和白细胞减少。

维生素 B_{11} 对于维持免疫系统功能的正常也是必需的。

2. 缺乏症　骆驼瘤胃微生物可合成足够的维生素 B_{11}。一般不发生缺乏症。

3. 来源与补充　维生素 B_{11} 广泛分布于动植物产品中。绿色的叶片和肉质器官、谷物、大豆，以及其他豆类和多种动物产品中维生素 B_{11} 的含量都很丰富，但奶中的含量不多。

（八）维生素 B_{12}

1. 特性　维生素 B_{12} 是一个结构最复杂的，唯一含有金属元素（钴）的维生素，故又称钴胺素（Cobalamin）。它有多种生物活性形式，呈暗红色结晶，易吸湿，可被氧化剂、还原剂、醛类、抗坏血酸、二价铁盐等破坏。

维生素 B_{12} 在体内主要以二脱氧腺苷钴胺素和甲钴胺素两种辅酶的形式参与多种代谢活动，如嘌呤和嘧啶的合成、甲基的转移、某些氨基酸的合成以及糖类和脂肪的代谢。与缺乏症密切相关的两个重要功能是促进红细胞的形成和维持神经系统的完整。骆驼缺乏维生素 B_{12} 时，瘤胃发酵的主要产物丙酸的代谢发生障碍，这是骆驼维生素 B_{12} 缺乏所致的基本代谢损害。

2. 缺乏症　骆驼瘤胃及肠道微生物能够合成维生素 B_{12}，但受外界因素影响较大，如长期大量使用抗菌药物，引起消化道微生物区系紊乱，必然影响维生素 B_{12} 合成。另外，维生素 B_{12} 合成需要的微量元素钴和蛋氨酸不足，也可造成维生素 B_{12} 缺乏。骆驼发生维生素 B_{12} 缺乏时，最明显的症状是生长受阻，继而表现为步态不协调、不稳。有时可产生正常红细胞或小红细胞贫血。

3. 来源与补充 在自然界，只在动物产品和微生物中发现维生素 B_{12}，植物性饲料基本不含维生素 B_{12}。骆驼瘤胃及肠道微生物的合成是维生素 B_{12} 的主要来源，但必须由饲粮提供合成维生素 B_{12} 所需的钴。在骆驼饲养中，要注意当地土壤中钴的含量，如果是缺钴地区，要在饲料中添加钴添加剂或定期给骆驼饮水中加入硫酸钴，日粮中要提高全乳、鱼粉、肉粉、大豆副产品等富含维生素 B_{12} 的饲料组分的比重。

（九）胆碱

1. 特性 胆碱是 β-羟乙基三甲胺羟化物，常温下为液体、无色，有黏滞性和较强的碱性，易吸潮，也易溶于水。

饲料中的胆碱主要以卵磷脂的形式存在，较少以神经磷脂或游离胆碱形式出现。在胃肠道中经消化酶的作用，胆碱从卵磷脂和神经磷脂中释放出来，在空肠和回肠经钠泵的作用被吸收。但只是 1/3 的胆碱以完整的形式吸收，2/3 的胆碱以三甲基胺的形式吸收。

胆碱参与卵磷脂和神经磷脂的形成；卵磷脂是动物构成细胞膜的主要成分，在肝脂肪的代谢中起重要作用，能防止脂肪肝的形成；胆碱是神经递质——乙酰胆碱的重要组成部分。同时，它也是一个不固定的甲基供给者。

2. 缺乏症 骆驼一般不发生胆碱缺乏症，但当维生素 B_{11} 与维生素 B_{12} 不足时，会引起胆碱缺乏，表现为消化不良、生长迟缓。

3. 来源与补充 自然界存在的脂肪都含有胆碱。因此，凡是含脂肪的饲料都可提供胆碱。多数动物能由甲基合成足够量的胆碱，合成的量和速度与饲粮含硫氨基酸、甜菜碱、叶酸、维生素 B_{12} 及脂肪的水平有关。

骆驼对胆碱的需要一般为每千克饲料 800～1 300mg。

（十）维生素 C（抗坏血酸）

1. 特性 维生素 C 是一种含有 6 个碳原子的酸性多羟基化合物，因能防治坏血病而又称为抗坏血酸。它是一种无色的结晶粉末，加热很容易被破坏。结晶的抗坏血酸在干燥的空气中比较稳定，但金属离子可加速其破坏。

由于维生素 C 具有可逆的氧化性和还原性，所以其广泛参与机体的多种生化反应。已被阐明的最主要的功能是参与胶原蛋白质合成。此外，还有以下几个方面的功能：①在细胞内电子转移的反应中起重要作用；②参与某些氨基酸的氧化反应；③促进肠道铁离子的吸收和在体内的转运；④减轻体内转运金属离子的毒性作用；⑤能刺激白细胞中吞噬细胞和网状内皮系统的功能；⑥促进抗体的形成；⑦是致癌物质——亚硝基胺的天然抑制剂；⑧参与肾上腺皮质类固醇的合成。

2. 缺乏症 骆驼一般都能合成维生素 C，因而较少发病。放牧条件下的骆驼，有时年景不好，雨水较少，草场内牧草较少，骆驼较长时间营养摄入不足时，也出现维生素 C、B 族维生素的缺乏。驼乳中的维生素 C 含量是牛奶中的 2～5 倍，驼羔很少发生维生素 C 缺乏症。

维生素 C 缺乏症主要表现为皮肤、内脏器官出血，贫血，牙龈溃疡、坏死和关节肿胀。

3. 来源与补充　维生素 C 广泛存在于青绿饲料、胡萝卜和新鲜乳汁中，柑橘类水果、番茄、绿色蔬菜、马铃薯，以及大多数水果都是维生素 C 的重要来源。在高温、寒冷、运输等逆境和应激状态下，以及饲粮能量、蛋白质、维生素 E、硒和铁等不足时，骆驼对维生素 C 的需要量则大大增加。生产中要根据环境、用途、温度等因素及时调整饲料，就可防止维生素 C 缺乏。

第七节　水的营养

一、概述

动物生存过程中，水一般容易获得，因而容易被忽视。事实上水也是一种重要的营养成分。无论动物或植物，没有水都不能生产或存活。大多数动物对水的摄入量远比三大营养物质多，成年动物体成分中 1/2～2/3 由水组成，初生动物体成分中水分含量高达 80%。因此，充分认识水的营养生理作用，保证动物水的供给和饮水卫生，对动物的健康和生产具有十分重要的意义。此外，水对神经系统，如脑脊髓液的保护性缓冲作用也非常重要。

二、水的平衡及调节

骆驼常常必须在空气极其干燥，年降水量极低，水源奇缺的荒漠地区生存，因此它在发育进化过程中建立了非常完善的水代谢系统，它不仅用水少而经济，而且在水的摄入受到限制时，能严格限制水的损失。因此，骆驼在进入体内的水分、代谢及离开体内的水分之间保持着一种精确的平衡，如果其中之一发生变化，最终将导致新的平衡（图 2-1）。

正常情况下，水的主要来源，首先为间隔一定时间饮入的水分；其次为从消化道的食物中获得所需要的水分，以及从食入的植物中或从植物表面凝聚的水分中获得所需的水分，这是机体重要的水的来源之一，但这一来源常受到各种因素的限制，如在脱水或天气极为炎热时，这一来源大大减少（Yagil 等，1978）。

水的去路取决于许多因素，水排出的途径主要有：经肺的呼吸由鼻腔和口腔排出；经皮肤蒸发排出及经粪尿排出，雌性动物还可通过乳汁排出。动物失水的量不仅受肾的控制，也受代谢率的影响。动物的代谢率与其体格有关，因此水的转换也与动物的体格有关。不同动物对机体的失水有一定程度的耐受性，失水后机体恢复其水分、电解质的速度和程度也是动物体极为重要的一个适应功能。在哺乳动物中，骆驼对失水的耐受性极强，可以耐受 30% 体重的失水量而对其他方面的影响不大，而人和其他动物则只能耐受 10％体重左右的失水量。

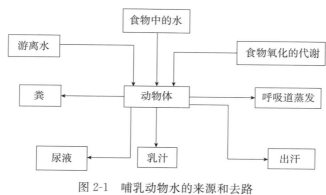

图 2-1　哺乳动物水的来源和去路
(资料来源：Wilson，1984)

（一）水的来源

在大多数哺乳动物，获取水有 3 条途径：饮水、食物水、代谢水。

1. 饮水　饮水是所有动物获得水的重要来源，骆驼也不例外。由于骆驼长期生长在干旱、水源奇缺的沙漠地区，所以逐渐进化出一套控制水代谢的机制，对饮水的需要弹性较大。饮水的次数与多少与饲草的种类或饲粮构成成分、环境温度、用途、泌乳等因素有关。一般放牧情况下，骆驼 2～3d 会主动到水源地（水井）处饮水 1 次，因驼乳的主要成分是水，带羔母驼 1～2d 需要饮水 1 次，如果是舍饲或半舍饲的泌乳驼则必须保证每天饮水充足。对于特殊用途，如用于比赛的骆驼，则要控制饮水，一般在比赛前 20～30d，少饮水或不饮水（俗称吊水），直至骆驼达到比赛要求的体型。

2. 食物水　饲草、饲料等食物中的水是骆驼获取水的另一个重要途径。骆驼采食不同性质的饲料，获取水分的多少也不同。成熟的牧草或干草，水分含量可低至 5％～7％；幼嫩青绿多汁饲料水分含量可高达 90％以上；配合饲料水分含量一般介于10％～14％。动物采食饲料中水分含量越高，饮水越少。放牧条件下，骆驼采食含水量较高（如沙葱类）的牧草时，十天半月不饮水的情况很常见。

3. 代谢水　代谢水是动物体细胞中有机物质氧化分解或合成过程中所产生的水，又称氧化水，其量在大多数动物中占总摄水量的 5％～10％。不同营养物质产生代谢水的程度不同，表 2-6 列出了淀粉、脂肪和蛋白质氧化所产生的代谢水。表 2-7 是不同饲料的代谢水。

表 2-6　淀粉、脂肪和蛋白质氧化所产生的代谢水

营养物质	氧化后代谢水（g）	含热量（kJ）	代谢水（每100kJ，g）
100g 淀粉	60	1 673.6	3.6
100g 蛋白质	42	1 673.6	2.5
100g 脂肪	100	3 765.6	2.7

资料来源：许振英，1987。

表 2-7　不同饲料的代谢水（%）

种类	水分	粗蛋白质	粗脂肪	糖类	代谢水
谷类	13.0	10	3	69	49
薯芋	73.6	3	0.1	22	15
豆类	12.5	25	11	44	49
叶菜类	93.0	2	0.3	3	3

资料来源：许振英，1987。

（二）水的排出

通过饮水、食物等进入骆驼体内的水经复杂的代谢过程后，通过粪、尿的排泄、肺和皮肤的蒸发，以及离体产品等途径排出体外，保持体内水的平衡。

根据动物控制其排出水分的能力，可以将它们分为 3 种不同的生理类型（Maloiy 等，1979）。

水和能量的利用率高，浓缩尿液的能力差，主要分布于潮湿的热带和温带地区，如水牛、牛、大羚羊、水羚、驼鹿和驯鹿。此外，还有大象、猪及马。

水和能量的转换中等，但肾的浓缩能力强，主要分布于干旱温暖的热带稀树草原（savanna）地区，如绵羊、狷羚（harte-beest）和驴。

水和能量的利用率低，肾的浓缩能力中等或高，主要分布于干旱地区，如骆驼、山羊、长角羚、瞪羚和麝牛。

控制排出水分以及蒸发散热的主要位点可能是在丘脑下部，而且受身体不同部位热感受器的支配。热感受器位于机体的许多部位，尤其是皮肤、中枢神经系统、消化道的壁和丘脑下部。

辐射、环境温度、风速和湿度是影响水分排出的主要环境因素，动物的水分大多数通过尿的排泄、粪的排泄、呼吸道和皮肤蒸发、动物产品排出。

1. 尿的排泄　由尿排出的水受总摄水量的影响。摄水量多，尿的排出量则增加。通常随尿排出的水可占总排水量的一半左右。肾对水的排泄有很大的调节能力，一般饮水量越少、环境温度越高、动物的活动量越大，由尿排出的水量就越少。肾以两种方式控制水的排出，一是通过浓缩尿；二是通过控制尿的流量。

动物的最低排尿量取决于必须排出溶质的量及肾浓缩尿机制的能力。骆驼浓缩尿的能力较强。例如，在同一条件下，澳大利亚的美利奴羊可将尿的渗透压浓缩至 3.5～3.8mOsm/L，而骆驼则为 3.10mOsm/L；动物尿浓度的近似值：人 1.5mOsm/L、牛 1.3mOsm/L、兔 1.9mOsm/L、绵羊 3.2mOsm/L、骆驼 3.1mOsm/L。

在脱水时，血浆渗透压的增加完全不同于尿，脱水可使尿与血浆的比例（U/P）从 5 增加到 8（Maloiy，1972）。肾浓缩尿的功能虽然不能有效地保留水分，但可使骆驼能够饮用比海水含盐量还高的水，食入含盐量很高的植物，而其他大多数动物则不能。骆驼尿中排出的盐分变化范围很大，在大多数情况下，钾是尿中排出的主要离子，但如果食入另外一些植物，钠又变成了主要离子（Schmidt-Nielsen，1957）。

哺乳动物浓缩尿的功能是其能够在干旱环境中生存的重要因素之一。骆驼的肾大多能够在很大程度上浓缩尿，因此与粪保留水分一样，是一种很有效的保留水分的方法，而骆驼在这方面的功能又远比其他动物强。浓缩尿液的主要位点是肾的亨氏管袢，因此如果亨氏管袢越长则浓缩能力越强，骆驼和绵羊的要比牛的长得多。

肾小球滤过率的减小可以减少尿的流量，如可从正常的每 100kg 体重 55～65mL/min 减少到每 100kg 体重 15mL/min。正常情况下，骆驼肾小球滤过率为羊及牛的一半，但其减低的速度要比这两种动物更快。骆驼的总尿量可减低至 0.5～1.5mL/min，而尿液的渗透压也可减低至 2～2.50mOsm/L（Siebert，1971）。骆驼从粪中的失水极少，粪中的水分可在结肠中被重吸收，而在此方面骆驼也远比其他动物更为有效，其比较见表 2-8。

骆驼的尿流量变化范围很大，但骆驼的膀胱就其体格的大小来说是很小的，而且当摄食及摄水正常时，膀胱经常处于空虚状态，每天的总尿量极少超过 7L。在撒哈拉，如果一峰体重为 300kg 的骆驼，每天饲喂干料干草，且每天饮水，则每天的尿量为 0.75L，但在脱水时会减少到 0.5L/d（Schmidt-Nielsen，1951）。干旱地区骆驼的尿流量为 2mL/min 或 3L/d（澳大利亚，Macfarlane，1968），介于 1.5～5L/d（Charnot，1958），脱水时，抗利尿素的水平升高，减少了肾尿液的流量（Siebert，1971），但高浓度的抗利尿素却增加了钾的排出量，钠的排出量则相对较少。

表 2-8　反刍动物饮水充分及脱水时尿量的变化

品种	尿量（L/d，以 100kg 体重）			资料来源
	饮水充分	脱水	变化（%）	
骆驼[1]	0.29	0.07	76	Maloiy（1972）
去势牛	0.98	0.72	27	Taylor（1969）
山羊[3]	0.70	0.40	43	Maloiy（1971）
Barmer 山羊[2]	2.52	0.61	76	Khan（1978）
贝都因山羊[3]	1.71	—	—	Shkolnik（1972）
绵羊	0.80	0.20	75	Maloiy（1971）
Marwari 绵羊[4]	1.49	0.73	51	Ghosh（1976）
水羚[5]	2.70	0.70	0	Taylor（1969）
狷羚	0.72	0.42	42	Maloiy（1971）
高角羚	1.24	0.32	74	Maloiy（1971）
瞪羚[6]	2.10	1.40	33	Ghobrial（1970）
小羚羊	2.03	1.01	50	Maloiy（1973）

注：[1]指在温度为 12h 22℃，12h 40℃条件下；[2]指最高温度为 38℃、最低温度为 17℃条件下；[3]指温度为 30℃条件下；[4]指最高温度为 38℃、最低温度为 24℃条件下；[5]指温度为 22℃条件下；[6]指饮水动物，冬季，最高温度为 30～40℃条件下；脱水动物，夏季，最高温度为 50～55℃条件下。

脱水时，适应干旱环境的骆驼可使其尿量减少，但尿的浓度却增加。一般来说，尿液渗透压的增加是由于尿液中钠和尿素浓度的增加所致的，钾和氯浓度的变化则不太明显，反刍动物饮水及脱水时尿液渗透压的变化见表 2-9。

表 2-9　反刍动物饮水及脱水时尿液渗透压的变化（mOsm/L）

品种	渗透压			资料来源
	饮水	脱水	变化	
骆驼	1 473	2 230	51	Maloiy（1972）
去势牛	855	1 043	22	Taylor（1967）
山羊[3]	895	1 425	59	Schoen（1968）
贝都因山羊	1 315	1 771	35	Chosniak（1984）
大羚羊	637	1 881	195	Taylor（1967）
水羚[5]	1 060	1 090	3	Taylor（1969）
狷羚	1 128	2 010	78	Maloiy（1971）
高角羚	1 410	2 250	60	Maloiy（1971）
瞪羚	1 200	2 300	92	Ghobrial（1974）
跳羚	1 251	—	—	Hofmeyr（1987）
小羚羊	1 814	3 907	115	Maloiy（1973）
薮羚	936	1 345	44	Schoen（1969）
赤羚	1 109	1 594	44	Schoen（1969）

注：表注同表 2-8。

从表 2-9 可以看出，骆驼在脱水时尿量明显减少，尿液渗透压明显升高。与其体重相比，骆驼即使在饮水充足时，排出的尿量也极少，总量很少超过 5L/d。此外，骆驼还有另外一个特点，即排尿很频繁，每次仅排出少量，但排尿的过程较长，说明骆驼的膀胱小。骆驼在脱水时，尿液渗透压可达到 3 100mOsm/L，其中尿素量的增加是引起渗透压增加的一个主要因素。此外，钾、钠和氯含量也有升高，但排出的总量则由于尿液量的减少而减少。同时，肾小球的滤过率从 179mL/min 减少到 124mL/min。但如果骆驼饮水，则肾的功能马上恢复到正常，30min 之内尿流量、肾小球滤过率等均明显增加，尿液渗透压降低。

2. 粪的排泄　如果饮水充分，则动物的粪中可以排出大量水分。粪中的排水量，随动物种类不同而不同（表 2-10）。牛粪含水量高达 80%，绵羊、山羊和鹿的粪，要形成黏状粪，粪中含水量仅为 65%～70%，从粪中排泄的水占总排泄量的 13%～24%。动物粪中的失水一般用每 100g 干粪多少克水表示，粪及其含水量在很大程度上因摄入食物的种类及可消化性的不同而不同。骆驼能够从小肠内容物中吸收大量的水分，尤其是适应干旱环境的动物在脱水时，这种功能更为有效。

表 2-10　粪中水分的排出比较（g，以 100g 干粪计）

动物	饲料	水的排出
骆驼	干草干料，无水	76±2.5
驴	干草干料，每天饮水	181±12
大袋鼠	精饲料，无水	83
大鼠	精饲料，有水	225

动物	饲料	水的排出
人		200
牛	放牧	566

资料来源：Schmidt-Nielsen，1964。

粪中水分的减少可以通过结肠吸收钠来完成，由于钠的吸收而使水分重新进入血液中。各种反刍动物都可对脱水有不同的反应，其粪中的水分含量可以减少10%～35%，但肠道中的电解质则没有明显变化。由于粪中水分含量减少，因此粪呈球形。反刍动物饮水充分及脱水时粪中含水量的变化见表2-11。

表2-11　反刍动物饮水充分及脱水时粪中含水量的变化

品种	含水量			资料来源
	饮水充分 （g，以100g干粪计）	脱水 （g，以100g干粪计）	减少 （%）	
骆驼[1]	109	76	30	Schmidt-Nielsen（1956）
骆驼[2]	268	168	38	Charnot（1958）
牛	362	302	17	Taylor 等（1967）
山羊[3]	140	88	37	Schoen（1968）
山羊	132	106	20	Maloiy（1971）
绵羊[4]	134	93	31	Maloiy（1971）
大羚羊	195	160	18	Taylor（1967）
水羚	270	212	21	Taylor 等（1967）
狷羚	138	108	22	Maloiy 等（1971）
高角羚	142	114	20	Maloiy 等（1971）
瞪羚	113	75	34	Ghobrial（1974）

注：[1]指自然条件；[2]指温度为18～30℃；[3]指温度为22℃；[4]指夏季及冬季条件，夏季温度最高为50～55℃、最低为25～35℃，冬季温度最高为30～40℃、最低为15～25℃。

驼粪可能是反刍动物中最干的，如果温度为22℃，则饮水充足的骆驼由粪中失去的水分可达30%左右。也就是说，等于每天每100kg体重排出0.6L的水。如果饮水不足，则粪失水量与总失水量的比例基本不变，但由粪中失去的水分减少到每天每100kg体重排出0.3L的水。脱水的骆驼，如果温度为22～40℃，则由粪中失去的水分减少到每天每100kg体重排出0.25L的水。

3. 呼吸道和皮肤蒸发　肺以水蒸气形式呼出的水量，随环境温度的提高和骆驼活动量的增加而增加。

由皮肤表面失水的方式有两种：一是血管和皮肤的体液中的水分可简单地扩散到皮肤表面蒸发。这种扩散方式随皮肤的温度和血液循环的变化而变化。通过皮肤扩散作用和呼吸道蒸发而失掉的水，被称为不感觉的失水。母鸡以这种方式失水可占总排水量的17%～35%。二是通过排汗失水。排汗量也随气温的变化而变化。在适宜的环境条件下，排汗丢失的水不多，但在热应激时，具有汗腺、自由出汗的动物失水较多。人、马经汗排泄的水量相当大，出汗也是一种有效的散热方式，其效率相当于呼吸散热的400%，在散热的同时，水分也大量蒸发。

一般来说，体格小的动物多通过呼吸道散失水分，而体格大的动物则多通过皮肤蒸发水分。

（1）呼吸道蒸发　环境气温高时，大多数动物通过增加呼吸次数来散热。随着呼吸次数的增加，一次呼吸进出肺泡的空气减少，肺泡中的空气量增加，P_{CO_2}下降。大多数反刍动物喘息时对氧的消耗很低，因此喘息在蒸发散热上要比出汗更为有效，而且在出汗时，电解质和盐分随着水分排出。但在喘息时，可能会发生血液碱中毒的危险，而且由于参与呼吸的肌肉运动增强，产生的热量也会增加。与其他哺乳动物不同的是，随着外界热量的增加，骆驼的呼吸速度并不会增加很多，呼吸道在水的散失上也是极小的一个方面，而且骆驼在某些情况下能够呼出未饱和的空气（Schmidt-Nielsen等，1980）。白天时，如果体温为40℃，则呼出的空气为完全饱和的；但在晚上体温为36℃时，如果吸入的空气温度为25℃，则相对湿度只有75%。此外，在晚上时，呼吸频率较慢，因此可使一次进出肺泡的空气量和吸收的氧气量增加，也会进一步减少水的散失。大型哺乳动物一般通过出汗来散热，在家畜中以骆驼和牛较为典型，还有生活在沙漠或热带地区的水牛和大羚羊等。

（2）皮肤蒸发　虽然大多数哺乳动物都具有汗腺，但它们的功能有很大差异。汗腺在形状上为管状腺，有分泌部和很长而直的管道。汗腺与毛囊的关系密切，但骆驼、绵羊、山羊，汗腺只与较大的初级毛囊发生联系，而奶牛和水牛，每一个毛囊都有一个汗腺（Jenkinson，1972）。单位面积汗腺的数量因动物品种不同而有较大差异，在家畜中不同品种及不同个体之间都有较大差异。汗腺的密度和形状的不同在一定程度上说明了动物在出汗效能上的差异。

动物汗腺结构和功能的不同使得动物在皮肤蒸发散失水分上也有较大差别。例如，反刍动物出汗基本有3种截然不同的类型，即间歇性同步分泌（山羊、绵羊、长角羚和麝牛）；分段性增加（牛、水牛）以及接触高温环境时逐渐增加型分泌（驼属动物、美洲驼属动物、大羚羊和水羚）。骆驼的水分蒸发主要是通过皮肤，其主要特点是汗水并不流淌，绒毛也不明显变湿（Schmidt-Nilesen等，1957）。蒸发主要是在皮肤表面，并不在绒毛末端。骆驼的皮肤蒸发在环境温度超过35℃，其速度随着环境温度的增加而呈线性增加，环境温度达到55℃时蒸发达到280g/（m² · h）水的最大值，南美驼在环境温度升高时，皮肤蒸发速度也与驼属骆驼相同，速度为250g/（m² · h）水。

骆驼的汗腺结构简单，除上唇、鼻和会阴部外，全身均有分布，汗腺的密度为200个/cm²。骆驼汗液中钾和钠的浓度分别为40mEq/L和9.5mEq/L，pH为8.2～8.4。汗液中钾主要以$KHCO_3^-$的形式存在，其浓度较高可能是食入的植物中钾的含量较高所致。其他动物的出汗在散失水分上的重要性虽然与骆驼相似，但也有较大差别。在不同的环境条件下，反刍动物呼吸及皮肤蒸发在散失水分上的相对重要性见表2-12。

表 2-12　反刍动物呼吸及皮肤蒸发在散失水分上的相对重要性

品种	相对失水（%）		条件	资料来源
	呼吸	皮肤蒸发		
骆驼	5	95		Jenkinson（1972）
牛	35	65	热（干）	Jenkinson（1972）
绵羊、山羊	60	40	热（干）	Jenkinson（1972）
长毛绵羊	20	80	热（干）	Gatenby（1979）
贝都因山羊	33	67	29℃（太阳辐射）	Borut 等（1979）
山羊	55	45	38℃（太阳辐射）	Taylor 等（1969）
水羚	56	44	22℃（饮水充足）	Taylor 等（1969）
水羚	37	63	22℃（脱水）	Taylor 等（1969）
水羚	20	80	22~40℃（自然状态）	Taylor 等（1969）
大羚羊	30	70	22~40℃	Finch（1972）
大羚羊	22	78	22~32℃	Finch（1972）
狷羚	62	38	22~32℃	Ghobrial（1970）
瞪羚	12	88	26~32℃	Hoppe（1977）

4. 经动物产品排出　泌乳动物除通过以上几种方式失水外，泌乳也是水排出的重要途径。牛乳平均含水量高达 87%。而驼乳平均含水量达 85%。每产 1kg 驼乳，可排出 0.85kg 水。驼乳的含水量与骆驼的饮水量有重要关联，当骆驼饮水量充足时乳中的含水量为 84%~86%，当饮水受到限制时乳中的含水量为 91%，这是骆驼适应自然条件的一个特性，以保证在饮水缺乏的条件下母驼能为其幼仔提供充足的水分。

（三）水的代谢及调节

动物体内的水分布于全身各组织器官及体液中，细胞内液占 2/3，细胞外液占 1/3，细胞内液和细胞外液的水不断地进行交换，保持体液的动态平衡。

动物体液和消化道中的水合称动物体内的总水。总水量也是经常保持相对恒定的。这种恒定是动物得水和失水之间的平衡。

不同动物体内水周转代谢的速度不同。非反刍动物因胃肠道中含有较少的水分，周转代谢速度较快。反刍动物的水周转代谢速度慢，用同位素氚（Tritium）测得牛体内一半的水 3.5d 更新 1 次。沙漠中的骆驼，因耐受失水能力强，水的周转代谢速度慢。动物水的周转受环境因素（如温度、湿度）及采食饲料的影响。采食盐类过多，饮水量增加，水的周转代谢速度也加快。

骆驼因生存环境的影响，体内水平衡的调节能力强于其他动物，其强大的耐渴能力得益于体内水代谢的控制能力。一般来说，骆驼体内水平衡的调节能力体现在水排出的控制上，当饮水减少或受限时，骆驼会以减少尿量、加强水的重吸收等方式调节体内水平衡。骆驼的体温变化幅度较大，它主要通过大量出汗来节省能量和水分。

以前人们曾错误地认为，骆驼能在驼峰或胃中储存大量水分，其实完全不是这样，骆驼水的储存部位与其他哺乳动物没有多大区别（Schmidt-Nielsen 等，1956）。它的驼峰主要由脂肪组成，因此代谢水的含量极高。如果完全氧化 20kg 驼峰中的脂肪，则可产生 21kg 水（1.06kg 脂肪完全氧化形成 1.13kg 水），需氧 2 130L。从肺蒸发的水为 1.8kg，净失水 0.67kg（Schmidt-Nielsen，1964），但在此过程中，能量耗损巨大，更多的水分将会通过肺蒸发。

骆驼胃中含有大量由胃腺分泌的液体，其主要成分与唾液相近，但离子浓度则与血浆相近（Schmidt-Nielsen，1964），钠的浓度略高，而钾和氯的浓度则低，但作为水的储存处所，也是不可能的。

外界环境干热时，骆驼体内水的含量占体重的 75%，冬季会降到 50%，含水量受肠道内容物和肥胖程度的调节。有人在印度的研究表明，夏季骆驼机体的水分含量和细胞内水分含量分别为总体重的 63.1% 和 44.5%，而血液和浆液的水分分别为总体重的 7.8% 和 4.7%（Ghosal，1974）；但在冬季时，除小肠液外，其余的水分含量均减少。通过调节体内水的含量，降低维持体温的热能，适应外界环境变化。

脱水时，体内水分占总体重 70% 的骆驼，其水分的主要组成是：消化道液体 12%，细胞内水分 34%，细胞外水分 14%，血液中水分 5%，这一百分比基本与热带地区的牛相似。

水的排出，主要由肾通过排尿量来调节。肾排尿量又受脑垂体后叶分泌的抗利尿激素控制。动物失水过多，血浆渗透压上升，刺激下丘脑渗透压感受器，反射性地影响加压素的分泌。加压素促使水分在肾小管内重吸收，尿液浓缩，尿量减少。相反，大量饮水后，血浆渗透压下降，加压素分泌减少，水分重吸收减弱，尿量增加。

肾的结构和功能在水分的保存上有尤其重要的作用，其髓质中的亨氏管很长，具有浓缩尿液的作用。因此，亨氏管袢越多，则浓缩尿液的作用越强。髓质与皮质的比例是衡量肾重吸收作用的一个重要指标。人们通过研究发现，骆驼肾皮质和髓质的比例为 4∶1（Abdalla，1979）。

此外，醛固酮激素在增加对 Na^+ 重吸收的同时，也增加了对水的重吸收。醛固酮激素的分泌主要受肾素-血管紧张素-醛固酮系统，以及血钾、血钠浓度对肾上腺皮质直接作用的调节。总之，动物体内水的调节，是一个综合的生理过程，水的代谢和体内水的周转，维持动物体内水的平衡。

（四）脱水与失重

1. 脱水　在外界气温低于 22℃ 时，骆驼可长时间不饮水，仅从饲草中就可获得足够的水分来维持其生理平衡。如果环境温度高，如在夏季，白天可高达 40℃ 以上，而晚上则可降低到 25℃，此时骆驼可通过蒸发散热由机体丧失一定的水分。如果饮水不足，则可失重。骆驼对失水的耐受能力要比其他动物强得多，而且即使在相同的条件下，失重也比其他动物少。能够适应荒漠环境的动物，在一定程度上可以耐受供水不足，即对脱水有一定的耐受性，但这种耐受性在品种之间差异较大。例如，在同样的条件下牛的失水速度比骆驼快 3 倍（如果昼夜温度分别为 40℃ 及 20℃，则每天的失水量为其体重的 6.1%），绵羊比骆驼快 2~2.5 倍（为体重的 5%）。如果以此比例失重，则牛在失重到 28%~32% 的时候，如不饮水，会在 4d 左右死亡，羊则会在 7d 内死亡，而骆驼则在 15d 以上，而且失水时骆驼的食欲并不明显降低（Macfarlane，1962；Siebert，1975）。牛在脱水时，血浆容量减少 20%，血细胞比容（PVC）增加 20%，总蛋白增加 20%。在此情况下，血液的黏稠度增加，使得心脏不能很快将血液泵到身体表面散热，因此由于热应激而死亡。而在骆驼，如果血浆容量下降，则情况与此完全不同，血浆容量只减少 5%（Sibert，1971），而且可通过消化道吸收水分来补充血浆容量，消化道的水分可减少 80% 左右（Macfarlane，1963）。此外，其血液总蛋白量可增加 70% 以上，而其中仅白蛋白量就可增加 20%。血液中白蛋白的增加使得血液渗透压增加，从而有效地控制失水，甚至可从其他部位吸收水分，从而维持了循环血量的相对恒定。

动物从小肠中将水分吸收进入血液的过程可能受抗利尿激素及醛固酮的控制（Yagil，1979）。骆驼失水时，血浆容量略有减少，但 PCV 并不显著增加，其主要原因是骆驼的红细胞抗力极强（Peck，1963），这种红细胞即使在严重皱缩后，也能很快恢复到原来的大小。骆驼的红细胞总数平均为 7.24×10^{12} 个/L，但脱水时略微升高的主要原因是，脱水时骆驼红细胞的半寿期及存活时间（分别为 12d 及 150d）比正常时（分别为 8d 及 150d）长（Yagil，1973），这种功能可能是长期对沙漠环境适应的结果。

脱水时，血浆的其他一些因子在维持血浆容量的恒定上也起着重要作用。例如，脱水时，血液中葡萄糖的浓度增高，造成高血糖吸湿性的（hygroscopic）葡萄糖可以吸收水分进入血液（Yagil，1977）。骆驼血液中葡萄糖的浓度为每 100mL 74~140mg（Yagil，1977；Kumar，1962）。如果给脱水的骆驼输入葡萄糖，则血液中葡萄糖浓度会增加，但尿液中排出的却减少。脱水的骆驼血液中胰岛素的浓度升高，但甲状腺的功能降低，促甲状腺激素（TSH）的含量也降低。

正常情况下，骆驼消化道中钠的浓度高，其可能是摄入大量盐分含量较高的植物所致（Maloiy，1980），因此骆驼的消化道实际上有钠库的作用。脱水时，血液中钙的含量升高（Yagil，1978），pH 略有升高，P_{CO_2} 升高而 P_{O_2} 下降（Yagil，1975）。P_{O_2} 下降可能是脱水的骆驼呼吸减慢所致。骆驼红细胞中血红蛋白的含量比其他动物高，其与氧气的亲和能力也比其他动物强（Bartels，1963）。处于高海拔地区的南美驼，能够在缺氧的高原地带生存，也与红细胞的形态和细胞内血红蛋白的含量有关（Yamaguchi，1987）。缺水骆驼血气成分的变化可能完全是其呼吸频率降低和对氧气的消耗减少所致。血液中 P_{CO_2} 的增加和 P_{O_2} 的降低应该会使血液酸度增加。但在上述试验中发现，血液的 pH 升高，因此血液偏碱性，其主要原因可能是小肠中储存的碳酸氢盐的离子浓度较高（Maloiy 等，1980）。血清中 ADH 的含量，脱水 10d 后的骆驼可升高 340%（Yagil 和 Etzion，1979），其作用可能是促进肾吸收尿液和水分。

2. 补充水分 补充水分并不仅仅是水的摄入，而且还指水的吸收和在整个身体组织内的分布。一般来说，反刍动物的消化道具有较大的缓冲能力，而且经过一段时间的饥饿后可以在较短的时间内摄入大量水分。而不具备这种能力的动物则主要由于溶血而很难在短时间内摄入机体所需要的水分，但有些非反刍动物，如犬和驴也具有这种能力（Thrasher 等，1981；Adolph，1982）。在哺乳动物中，骆驼（Hoppe 等，1975）、山羊（Choshniak，1987）和绵羊（Heckler 等，1964）在饮水后能够很快恢复所缺乏的水分和原来的体重，而牛则由于有溶血的危险而不能很快地吸收水分（BiaJlca，1970）。骆驼的饮水量很大，关于这一点有许多报道，有些报道中的数据是在控制的试验条件下测定的，如骆驼在限制饮水 14d 后 3min 可饮水 200L，体重可恢复到 600kg，体重平均为 15.8kg 的山羊在脱水 4d 后可饮水 3.27L，能够恢复 5.0% 的体重（Choshniak，1987）。即使在能够快速饮水的哺乳动物中，骆驼也是很特殊的，它在饮水后几乎马上就能将水分吸收进入血液中；饮水后 4h 机体的大部分组织已经达到水平衡，而且在此时，如果有水，仍然能够饮水，饮水后 4h，肾的功能已经基本恢复正常，细胞恢复到正常的大小和形状（Etzion 等，1984）。

骆驼之所以吸收水分快，饮入大量水分后能很快达到水平衡，在很大程度上与其红细胞的抗力有关。骆驼的正常红细胞长 $7.7 \sim 10.1 \mu m$，宽 $4.2 \sim 6.4 \mu m$，厚 $2.5 \mu m$，面积为 $50.6 \mu m^2$（Abdel-Gadir，1984）。脱水 7d 后，红细胞相对变宽到 $8.8 \mu m$，面积为 $37.3 \mu m^2$，但在饮水后 4h，红细胞几乎已经完全恢复到原来的形状和面积（Yagil 等，1974）。随着细胞面积的增大，单位血量中的细胞数则可能由于稀释而减少（Etzion，1984）。

补充水分后，骆驼血液中的各种参数基本很快恢复正常，血清 ADH 在饮水后 1h 时比原来的浓度低 86%，而在脱水时则升高 340%（Yagil，1979）。

3. 脱水对食欲的影响　脱水对代谢最早和最为重要的影响可能是减少了食物的摄入，即使食物的供应很充足，但由于摄水量减少而抑制了吃入的食物量。这种摄食的减少可能主要与两个因素有关，即从唾液腺分泌的唾液减少和瘤胃中的微生物区系发生变化，因此对摄入的食物消化不充分。

如果水源充足，则热应激单独对动物的摄食起的作用不大；在水缺乏同时脱水时，则不论外界气温的高低，动物的摄食量都会减少；如果热应激和高温同时存在，则大多数动物的摄食量明显减少。但骆驼的情况与此完全不同，如果饲料供应充足，脱水时摄食量并不明显减少，这也是骆驼广泛适应沙漠环境的原因之一。

虽然唾液分泌量的减少是大多数动物摄食量减少的原因之一，但骆驼的唾液腺十分发达，而且在颊部乳头周围还有许多小的腺体（Nawar 等，1975）。正常情况下，如果饮水充足，则骆驼的腮腺分泌大量的唾液，每个腮腺每天可分泌 21L 唾液（Hoppe 等，1974）。按此计算，骆驼饮水充足时，每天唾液的分泌量可达 80L，而在脱水时可减少到每天 16L，这 16L 唾液即能维持严重脱水骆驼正常的食欲。

骆驼的另一特点是能够饮入大量的水。据 Schmidt-Nielsen（1964）报道，正常情况下骆驼摄水量可达其体重的 25%，偶尔可超过 30%，这样可有效地补充体内的失水。Gauthier-Pilter（1958）曾报道，一峰单峰驼在断水 5d 后，24h 2 次饮水量达到 186L，一次为 94L，另一次为 92L。体内水分如此迅速地增加，在大多数动物会严重地影响其调节系统，能够引起血小板肿大破裂，而骆驼，由于红细胞抗力极强，即使在破裂后也可恢复到原来的大小和形状（Peck，1939）。也有研究表明，骆驼在大量饮水后，并不完全立即补充失去的重量，最初恢复失重的 60%，18～24h 后才逐步达到平衡，消化道水分的增加引起血液中钠的含量降低。几种热带动物能量和水分代谢情况的比较见表 2-13。

表 2-13　几种热带动物能量和水代谢情况的比较

动物种类	被毛散热		蒸发	散热	水潴留		
	反射	隔热	呼吸	出汗	肾	粪	被毛颜色
绵羊	+	+++	+++	+	++	++	白
山羊	++	++	++	++	++	++	黑
短角牛	++	+	++	++	++	++	黑
瘤牛	++	+	++	++	+	+	白
白壁牛	+++	+	+	+++	+	+	黑
水牛				+++	+	+	黑
骆驼（亚热带）	++	+	+	+++	+++	+++	黑
骆驼（赤道）	+++	+		+++	+++	+++	黑

（五）水的品质

　　水的品质直接影响动物的饮水量、饲料消耗、健康和生产水平。天然水中可能含有各种微生物，包括细菌或病毒。细菌中以沙门氏菌属、钩端螺旋体属及埃希氏菌属最为常见。美国国家事务局（1973）建议，家畜饮水中大肠杆菌数量应少于 50 000 个/L。水中主要的阴离子是 CO_3^{2-}、SO_4^{2-}、Cl^-、NO_3^-；主要的阳离子是 Ca^{2+}、Mg^{2+}、Na^+ 及重金属 Hg^{2+}、Cd^{2+}、Pb^{3+} 等。一般以水中总可溶性固形物，即各种溶解盐类含量指标来评价水的品质。动物饮用水品质仅用总可溶性固形物为指标是不确切的，还应考虑各种金属离子的具体含量，特别是水中硝酸盐和亚硝酸盐的含量对动物毒害很大，表 2-14 是畜禽对水中不同浓度盐分的反应。

表 2-14　畜禽对水中不同浓度盐分的反应　（mg/L）

可溶性总盐分	高级评价	反应
<1 000	安全	适于各种动物
1 000～2 999	满意	不适应的猪可出现轻度腹泻
3 000～4 999	满意	可能出现暂时性拒绝饮水或短时腹泻，上限水平不适于家禽
5 000～6 999	可接受	不适于家禽和种猪
7 000～10 000	不适	成年反刍动物可适应
>10 000	危险	任何情况下皆不适宜

资料来源：NRC，1974。

　　在动物饮水质量差的情况下，可采用氯化作用清除和消灭致病微生物，采用软化剂改善水的硬度。

硝酸盐及亚硝酸盐在饮水中广泛分布。尽管 NO_3^- 一般不会对骆驼的健康构成威胁，但是其中还原性产物 NO_2^- 可被胃肠吸收，很快达到中毒水平。亚硝酸盐可氧化血红蛋白中的铁，使血红蛋白失去携氧能力。同时，高浓度的硝酸盐为细菌污染水源提供了有利条件，因为细菌能够把 NO_3^- 转化为 NO_2^-，从而对骆驼的健康造成危害。

第三章

骆驼饲料

CHAPTER 3

第一节　骆驼饲料种类

一、饲用牧草

我国目前双峰驼多数以放牧为主，所以天然草场的牧草就成为骆驼直接的、基础的、普遍的营养供应方式。牧草，一般指供饲养的牲畜食用的草或其他草本植物。牧草再生力强，一年可收割多次，富含各种微量元素和维生素，因此成为饲养骆驼的首选。牧草品种的优劣直接影响养驼业经济效益的高低，需加以重视。广义的牧草包括青绿饲料和作物。牧草最好具备生长旺盛、草质柔嫩、单位面积产量高、再生力强、一年内能收割多次、适口性好、含有丰富的优质蛋白和长骨骼所必需的适量的磷钙及丰富的维生素类等特点。从这一点来看以豆科植物为好。

牧草是青绿饲料的一个组成部分，是骆驼最主要的饲料，但总的来说，单位重量的营养价值并不是很高。同时，由于动物的消化系统结构和消化生理的特点不同，利用方法也有不同，因此应与其他饲料搭配利用，以求达到最佳利用效果。青绿饲料的营养价值随着植物的生长而变化。一般来说，植物生长早期营养价值较高，但产量较低。生长后期，虽然干物质产量增加，但由于纤维素含量增加，木质化程度提高，营养价值下降。青绿饲料品种不同，利用方法也不同；利用对象不同，其最佳利用时间也不同，禾本科一般在孕穗期，豆科则在初花至盛花期，直接鲜喂应适当提早，青贮利用和晒制干草可适当推迟。

要充分了解草场产草量与载畜量的关系，既要使草场能充分利用，又不至于使草场因过牧而发生退化，保持草畜平衡。对于人工种植的草牧场，由于播后 1～2 年多年生牧草生长缓慢，长势较弱，最好不放牧，而进行刈割；从第 3 年起才开始放牧，这时牧草已形成紧密的草皮不怕践踏。单播草场一般用于刈割饲喂，割几茬后再放牧。也有直接放牧的，但在放牧过程中应注意时间间隔，豆科牧草一般 28～35d 放牧 1 次，禾本科牧草一般 18～25d 放牧 1 次，而且一次放牧不能太重。混播草场是由多个牧草品种混合建植的草地，最适宜于放牧，但放牧过程中应注意以下几个问题：必须划区轮牧，把一个季节放牧地或全年放牧地划分成若干轮牧小区，每一小区内放牧若干天，逐区采食，轮回利用。根据草场的面积及产草量，计算其载畜量，通过公式：小区数目＝轮牧周期/小区内放牧天数，确定小区的数目及面积，然后按照制订的轮牧制度放牧，有计划地利用草场。必须注意季节性放牧场的调节，在一年四季中，春秋季应安排在坡地上放牧，夏季在平地放牧，冬季在较低洼处放牧。应该把四季气候变化、牧草生长周期与畜群利用充分结合在一起，充分合理地利用草场。确定正确的放牧时期，开始放牧的适宜时期一般是：以禾本科牧草为主的放牧地，应在禾本科牧草开始抽茎时；以豆科和杂类草为主的放牧地，应在侧枝发生时。结束放牧时间一般是在牧草生长发育结束前 30d。确定合适的放牧强度。一般来说，放牧强度应根据放牧后牧草留茬高度来确定，放牧后保持5～8cm的留茬高度较为适宜。骆驼对于灌木较喜爱，所以应特别注意灌木区放牧的时机与方式。

天然牧草种类很多，双峰驼喜食的范围也十分广泛，基本包括了荒漠地区所有的天然植物。甚至一些有毒的植物在其枯干时期，也能够被骆驼利用。在内蒙古自治区、新疆维吾尔自治区等骆驼的主要产地，饲用牧草主要有禾本科、菊科、豆科、藜科、蒺藜科等。最常见的牧草有梭梭、白刺、沙竹糜子、盐爪爪、酥油草、红砂、珍珠等。

二、青干草

青干草是天然草地青草或栽培牧草收割后经天然或人工干燥制成的。优质青干草呈青绿色，叶片多且柔软，有芳香味。干物质中粗蛋白质含量较高，约8.3%，粗纤维含量约33.7%，含有较多的维生素和矿物元素，适口性好，是骆驼越冬及补充饲料的主要来源。

青干草的营养价值受青草种类、收割时期及干制方法等因素的影响。一般豆科青干草营养价值高于禾本科。豆科植物应在开花初期收割，禾本科植物宜在抽穗期收割。晒制青干草时天气晴朗，营养物质损失少。用于储存的青干草的含水量应不超过14%，以免因含水量过高导致草堆内发热，影响青干草品质且有发生自燃的危险。

青干草的营养价值比成熟的作物秸秆、藤蔓都高，其中含有较多的蛋白质、矿物元素和维生素，而粗纤维的含量却较少，是营养物质较平衡的粗饲料。

晒制青干草，一般多采用平铺暴晒与小堆晒制相结合的方法。

（一）平铺暴晒

为了使植物细胞迅速死亡，停止呼吸，减少营养物质的损失，将收割后的鲜草，先薄层平铺暴晒4～5h，使鲜草中的水分迅速蒸发，含量由原来的65%～85%减少到38%左右。

（二）小堆晒制

草的含水量由38%减少到14%～17%，是一个缓慢的过程。如果此时仍采用平铺暴晒法，不仅会因阳光照射过久使胡萝卜素大量损失，而且一旦遭到雨淋后营养物质损失会更多。所以，当含水量降到40%左右时，就应改为小堆晒制，将平铺在地面上的半干的青草堆成小堆，堆高约1m，直径1.5m，重约50kg，继续晾晒4～5d，全干后即可上垛。

另外，有条件的地方还可采用草架晾干法，其效果会更好。目前，国外已广泛采用人工干燥法调制青干草，即将青草送入干燥机内，在120～150℃的温度下烘5～30min。用这种方法晒制的青干草质量较高。

晒制好的青干草，一定要注意妥善保存。青干草储存不好，不仅降低品质，而且易造成发霉变质，甚至会引起自燃。青干草的储存，目前仍以堆草垛的方式为主。为了防潮，草垛应选择在地势高燥、平坦，且不易积水的地方，同时垛底必须用树枝、秸秆或石块等垫高 18cm 以上。草垛的大小可根据青干草的数量来决定，草多时堆成长方体，宽 5～6m，高 6～7m，长 8～10m；草少时可堆成圆柱体，直径 3～4m，高 5～6m。为了防雨，青干草堆完后，垛顶应呈尖圆形，垛顶斜坡应在 45°以上，最后用秸秆严密封盖垛顶，防止雨水浸入。为了防止自燃，上垛的青干草含水量一定要在 15%以下。堆大垛时，为了避免垛中产生的热量难以散发，堆垛时应每隔 50～60cm 垫放一层硬秸秆或树枝，以便于散热。搭棚时注意加防潮底垫；露天堆垛时注意务必使中间高四周低。

目前，已经采用机械收割、打捆的方式，效率高而且便于运输和储存。鉴定青干草的品质，我国目前尚无统一标准，内蒙古自治区的青干草等级标准是：一级，枝叶鲜绿或深绿色，叶及花序损失不到 5%，含水量介于 15%～17%，有浓郁的干草芳香气味。但再生草调制的干草气味较淡。二级，绿色，叶及花序损失不到 10%，有香味，含水量介于 15%～17%。三级，叶色发暗，叶及花序损失不到 15%，含水量介于 15%～17%，有干草香味。四级，茎叶发黄或发白，部分有褐色斑点，叶及花序损失大于 15%，含水量介于 15%～17%，香味较淡。五级，发霉，有臭味，不能饲喂家畜。在内蒙古自治区双峰驼养殖上使用最多的青干草是苜蓿、玉米秸秆。

三、青贮饲料

青贮饲料是由含水量多的植物性饲料经过密封、发酵后而制成的。它是将含水量为 65%～75%的青绿饲料切碎后，在密闭缺氧的条件下，通过厌氧乳酸菌的发酵作用，抑制各种杂菌的繁殖，而得到的一种粗饲料。青贮饲料气味酸香、柔软多汁、适口性好、营养丰富、利于长期保存，是家畜的优良饲料，是骆驼舍饲时的主要饲料。目前，新疆维吾尔自治区、河北省等地已经在大量使用。

在牧区冬春季就会出现饲草料缺乏的现象，特别是青绿饲草。青绿饲草制成干草极大地减少了饲草的营养物质含量，降低了适口性。通过青贮加工，做成青贮饲料，不仅青鲜、适口，而且解决了秋冬饲草匮乏的问题。农作物收割后，大量的农作物秸秆被废弃或焚烧，这种做法既浪费资源，又污染环境，一定程度上影响了社会经济可持续发展。通过将秸秆粉碎进行青贮、氨化、揉丝微贮后饲养牲畜，既可节省饲料成本，又可使秸秆通过牲畜粪便实现过腹还田，促进农业良性循环，是一种效益较高的利用方式。品质优良的青贮饲料的主要营养物质与其青贮原料相接近，其具有良好的适口性，反刍动物对其的采食量、有机物质消化率和有效能值均与青贮原料相似，青贮饲料的维生素含量和能量水平较高，营养品质较好。但是，青贮饲料的氮利用率常低于同源干草。青贮饲料是草食动物的基础饲料，其喂量一般以不超过日粮的 30%～50%为宜。

（一）一般青贮

是将原料切碎、压实、密封，在厌氧环境下使乳酸菌大量繁殖，从而将饲料中的淀粉和可溶性糖变成乳酸。当乳酸积累到一定浓度后，便抑制腐败菌的生长，将青绿饲料中的营养物质保存下来。

（二）半干青贮（低水分青贮）

原料含水量低，使微生物处于生理干燥状态，生长繁殖受到抑制，饲料中微生物发酵活动弱，营养物质不被分解，从而达到保存营养物质的目的。该类青贮饲料由于含水量低，其他条件要求不严格，故较一般青贮扩大了原料范围。

（三）添加剂青贮

是在青贮时加进一些添加剂来影响青贮的发酵作用。如添加各种可溶性糖类、接种乳酸菌、加入酶制剂等，可促进乳酸菌发酵，迅速产生大量乳酸，使 pH 很快达到要求（3.8～4.2）；或加入各种酸类、抑菌剂等可抑制腐败菌等不利于青贮的微生物的生长，如黑麦草青贮可按 10g/kg 比例加入甲醛/甲酸（3∶1）的混合物；或加入尿素、氨化物等可提高青贮饲料的营养物质含量。这样可提高青贮效果，扩大青贮原料的范围。

为了保证青贮饲料的质量，选择青贮原料时要注意：青贮原料的含糖量要高。含糖量是指青贮原料中易溶性糖类的含量，这是保证乳酸菌大量繁殖，生成足量乳酸的基本条件。青贮原料中的含糖量至少应为鲜重的 1%～1.5%。应选择植物体内糖类含量较高、蛋白质含量较低的原料作为青贮原料。如禾本科植物、向日葵茎叶、块根类饲料均是含糖量高的种类。而可溶性糖类含量较高，蛋白质含量较低的原料，如豆科植物和马铃薯茎叶等原料，较难青贮成功，一般不宜单贮，多将这类原料刈割后预干到含水量达 45%～55% 时，调制成半干青贮。青贮原料含水量必须适当。适当的含水量是微生物正常活动的重要条件。含水量过低，影响微生物的活性。另外，也难以压实，造成好气性菌大量繁殖，使饲料发霉腐烂；含水量过高，糖浓度低，利于酪酸菌的活动，易结块，青贮饲料品质变差，同时植物细胞液汁流失，营养物质损失大。对含水量过高的饲料，应稍晾干或添加干饲料混合青贮。青贮原料含水量达 65%～75% 时，最适合乳酸菌繁殖。豆科牧草含水量以 60%～70% 为宜；质地粗硬的原料的含水量以 78%～80% 为好；幼嫩、多汁、柔软的原料的含水量以 60% 为宜。

制作青贮饲料的工序：收割→切碎→加入添加剂→装袋储存。收割：原料要适时收割。饲料生产中以获得最多营养物质为目的，收割过早，原料含水量高，可消化营养物质少；收割过晚，纤维素含量增加，适口性差，消化率降低。玉米秸的采收：全株玉米秸青贮，一般在玉米籽粒乳熟期采收。收果穗后的玉米秸秆，一般在玉米蜡熟至 70% 完熟时，叶片尚未枯黄或玉米茎基部 1～2 片叶开始枯黄时立即采摘玉米。采摘玉米的当天，最迟第 2 天就应采收玉米秸秆制作青贮饲料。牧草的采收：豆科牧草一般在现蕾至开花始期刈割青贮；禾本科牧草一般在孕穗至刚抽穗时刈割青贮；甘薯藤和马铃薯茎叶等一般在收薯前1~2d或霜前收割青贮。幼嫩牧草或杂草收割后可晾晒3~4h（南方）或1~2h（北方）后青贮，或与玉米秸秆等混贮。切碎：为了便于装袋和储存，原料须切碎。玉米秸秆、串叶松香草秸秆或菊苣秸秆青贮前均必须切短至1~2cm，青贮时才能压实。牧草和藤蔓柔软，易压实，切短至3~5cm青贮，效果较好。加入添加剂：原料切碎后立即加入添加剂，目的是让原料快速发酵。可添加2%~3%的糖、甲酸（每吨青贮原料加入3~4kg含量为85%的甲酸）、淀粉酶和纤维素酶、尿素、硫酸铵、氯化铵等。装填储存：通常可以用塑料袋和窖藏等方法。装窖前，底部铺厚10~15cm的秸秆，以便吸收液汁。窖四壁铺塑料薄膜，以防漏水透气，装时要踏实，可用推土机碾压，人力夯实，一直装到高出窖沿60cm左右，即可封顶。封顶时先铺一层切短的秸秆，再加一层塑料薄膜，然后覆土拍实。四周距窖1m处挖排水沟，防止雨水流入。窖顶有裂缝时，及时覆土压实，防止漏气漏水。袋装法，将青贮原料装入专用塑料袋，用手压或用脚踩实压紧，直至装填至距袋口30cm左右时，抽气、封口、扎紧袋口。

四、蛋白质饲料

蛋白质饲料是指自然含水量低于45%，干物质中粗纤维含量又低于18%的饲料。干物质中的含氮化合物称为"粗蛋白质"，并不是完全意义上的蛋白质，还含有其他复杂的蛋白质、多肽、氨基酸、酰胺、硝酸盐等，饲料工业上所有的蛋白质饲料几乎都是成熟了的籽实以及籽实的加工产物，它们的含氮化合物主要是蛋白质。蛋白质饲料的另一个制约条件是粗纤维含量在18%以下，就意味着蛋白质饲料含有相当高的可利用能量。

特点：蛋白质含量高，除乳制品和骨肉粉蛋白质含量为27.8%~30.1%外，其他都在50%以上，而且品质大多都特别好，富含各种必需氨基酸，特别是植物性饲料缺乏的赖氨酸、蛋氨酸和色氨酸都比较多。这类饲料含无氮浸出物特别少（乳制品除外），粗纤维含量几乎为零，有些脂肪含量高，加之蛋白质含量高，所以它们的能值高，对猪的消化能每千克高达16 720~20 900J，其能值仅次于油脂。灰分含量高，钙、磷丰富，且比例良好，利于动物的吸收利用，同时动物性蛋白饲料还含有丰富的维生素，特别是维生素B_2和维生素B_{12}。蛋白质饲料含量高，营养丰富，利于动物的吸收利用，此外，这类饲料还有一种特殊的营养作用，即含有一种未知的生长因子，它能促进双峰驼提高对营养物质的利用率，不同程度地刺激生长和繁殖，是其他营养物质所不能代替的。

随着中国养殖业的迅猛发展，国内外对养殖用蛋白质饲料的研究日益深入，蛋白质饲料已大量用于各类配合饲料的生产中，并取得了大量研究成果。目前，随着电子商务的发展，以及饲料产品、厂家的增多，饲料市场逐渐向电子商务市场过渡，更多厂商更青睐通过网站进行饲料、蛋白质饲料产品的展示和交易，养殖户可根据需要选择适合自己饲养动物的蛋白质饲料产品。在双峰驼饲养过程中，一般不进行蛋白质饲料补充，只有在舍饲情况下，进行日粮配合时才考虑蛋白质饲料。

五、能量饲料

能量饲料是指饲料绝干物质中粗纤维含量低于18%、粗蛋白质含量低于20%的饲料，如谷实类、糠麸类、淀粉质块根块茎类、糟渣类等，一般每千克饲料物质含消化能在10.46MJ以上的饲料均属能量饲料。

玉米是最重要的能量饲料，素有"饲料之王"之称。它能量含量高，粗纤维含量少，适口性好，但玉米中粗蛋白质含量少，必需氨基酸含量少且不平衡，特别是缺乏赖氨酸。

（一）饲用价值

玉米产量高，适应性强。玉米的籽粒、茎秆营养丰富，是优质饲料。100kg玉米籽粒相当于135kg的燕麦，125kg的高粱，130kg的大麦，是春季补饲时双峰驼重要的饲料。玉米整个植株都可饲用，利用率达85%以上。玉米的粗蛋白质含量介于5%～10%，纤维素含量少，适口性好。玉米籽粒中赖氨酸、色氨酸和蛋氨酸含量不足，一般含赖氨酸0.2%～0.5%，国外最近育出的新品种有的高达5%。玉米各个部分所含氨基酸种类不同，以籽粒最为丰富。玉米的微量元素也很丰富，据测定玉米籽粒中含维生素A 906.72mg/kg，维生素B_1 0.934mg/kg，维生素B_2 0.272mg/kg，维生素E 5.073mg/kg，胡萝卜素1.3～2mg/kg，维生素B_{12} 3.7～6.3mg/kg。玉米的有机物质消化率较高。

（二）营养价值

玉米的营养成分比较全面，一般含蛋白质8.5%、脂肪4.3%、糖类73.2%、钙0.022%、磷0.21%、铁0.001 6%，还含有胡萝卜素、维生素B_1、维生素B_2和维生素B_3以及谷固醇、卵磷脂、维生素E、赖氨酸等。

在放牧饲养中，玉米也常常被作为枯草期的补充饲料用来饲喂泌乳驼、乏弱驼。

六、矿物质饲料

矿物质饲料是天然生成的矿物质和工业合成的单一化合物以及混有载体的多种矿物质化合物配成的矿物质添加剂预混料。

食盐：主要成分是NaCl。一般食盐中NaCl含量应在99%以上，若属精制食盐则应在99.5%以上。有粉状的也有块状的。钠、氯是动物饲料中较缺或不足的元素。可以在驼圈中放置盐砖等进行补给，也可以在特定的食槽中直接投放食盐，任骆驼自由采食。这2种元素在体内主要与离子平衡、维持渗透压有关。NaCl可使体液保持中性，也有促进食欲、参与胃酸形成的作用。钙、磷类补充料：主要有石粉、磷酸盐类等，多用于配合饲料时使用，通常骆驼饲养中基本不需要补充。

值得注意的是有些地区牧草中缺硒，需要适当进行补给。

七、饲料添加剂

饲料添加剂是指在饲料生产加工、使用过程中添加的少量或微量物质，在饲料中用量很少但作用显著。饲料添加剂是现代饲料工业必须使用的原料，对强化基础饲料营养价值、提高动物生产性能、保证动物健康、节省饲料成本、改善畜产品品质等方面有明显的效果。

在骆驼饲养中目前基本不使用饲料添加剂，一是骆驼没有达到工厂化养殖的规模和集约方式；二是满足其有机产品的要求。

第二节　骆驼日粮配合

一、日粮的定义

满足骆驼一昼夜所需各种营养物质而采食的各种饲料称为日粮。在生产实际中日粮是批量配制的，是按日粮配合的比例进行的批量配制，这种批量配制的日粮也称饲粮。我们通常所谓的日粮配合实际上也是饲粮配合。配合日粮的基础依据是骆驼的营养需要，根据营养需要而制定的饲养标准，也就成了进行日粮配合的直接依据。但是目前并没有骆驼饲养标准，营养需要的研究也很少，所以主要方法还是参考其他家畜的饲养标准进行尝试性配制，然后经饲喂实践，或经筛选后证明效果比较好的配方，即可作为继续推广的配方。

二、日粮配合的原则与方法

（一）原则

（1）骆驼是反刍动物，日粮以粗饲料为主。

（2）骆驼以放牧为主，日粮的主成分是牧草。

（3）不同生理阶段的营养需要量不同，日粮配合中要保证营养物质量的需求也要保证营养物质结构的合理。

（二）方法

（1）首先分析营养需要，查找与骆驼体重、生理阶段相近的其他家畜的饲养标准，作为设计配方的基础依据。

（2）根据当地实际饲草料来源，初步确定使用哪些饲草料。

（3）根据生产实践中的经验，设定主要原料在日粮中所占的比例。

（4）以蛋白质、能量为主要限制性要素，分析初步混合后的营养关系，并逐步协调。

（5）当主要营养成分符合时再进行钠、氯、钙、磷等相关营养元素需要的平衡。

（6）最后核算所有营养物质的含量，看其与初始设计有什么差别，并进行调整。

（7）按质量分数列出配方表，以及配制的先后顺序。

三、配合饲料示例

例1：泌乳驼配合日粮

配方成本价格：1.8元/kg　日期：2016-04-27

原料配比见下表：

原料名称	原料价格（元/kg）	原料配比（%）
玉米	1.80	30
棉籽粕	2.22	5
预混料	3.00	3
大豆粕（2级，44.2%）	2.80	7
玉米干酒糟及其可溶物（DDGS）（28%）	1.60	5
大豆皮	1.60	5
苜蓿草粉（14%）	1.80	15
玉米秸	0.80	30
合计		100

配方营养见下表：

营养素名称	计量单位	配方营养
粗蛋白质	%	13.005 0
产奶净能	Mcal*/kg	1.354 9
钙	%	0.664 5
总磷	%	0.263 4
粗纤维	%	16.938 0
粗灰分	%	5.627 0

例2：驼羔配合日粮

配方成本价格：2.2元/kg　日期：2016-04-27

---

* 卡（cal）为非法定计量单位。1cal≈4.184 0J。——编者注

原料配比见下表：

原料名称	原料价格（元/kg）	原料配比（%）
玉米	1.80	30
棉籽粕	2.22	5
预混料	4.20	3
大豆粕（2 级，44.2%）	2.80	12
玉米 DDGS（28%）	1.60	5
大豆皮	1.60	5
苜蓿草粉（14%）	1.80	40
合计		100

配方营养见下表：

营养素名称	计量单位	配方营养
粗蛋白质	%	16.460 0
产奶净能	Mcal/kg	1.421 2
钙	%	0.600 7
总磷	%	0.332 9
粗纤维	%	15.213 0
粗灰分	%	6.027 0

骆驼自驯化以来就成为荒漠、半荒漠地区人们生活中不可或缺的家畜。骆驼一般采取传统的远距离放牧饲养方式，大致分为散牧和跟群放牧两种。散牧是将骆驼在某一荒漠、半荒漠区散放，定期观察，以便掌握驼群的生长发育情况。跟群放牧是在放牧方向和里程上稍加控制，夜间归牧，但不同于其他家畜的跟群放牧方法。

本章主要介绍我国双峰驼在放牧饲养条件下的一些特点和习性，包括放牧草牧场特点、双峰驼生活习性特点、通场移牧特点等，下面将从几个重点的方面分开进行叙述。

第一节　放牧草场特点

一、荒漠和半荒漠地带的划分标准及其特征

双峰驼是我国西北和华北荒漠、半荒漠草原畜牧业的重要组成部分，也是这一区域经济价值非常高的畜种资源之一。认识荒漠、半荒漠草原的分布、气候、水文、植被等特点，并结合这些特点合理利用草场，将对双峰驼的抓膘保膘、接羔保羔、抗灾保畜起积极的促进作用。

（一）荒漠和半荒漠的划分标准及其分布地区

1. 荒漠和半荒漠的划分标准　荒漠和半荒漠地带，是由地理位置和地质、地貌、气候及水源等各种自然因素的综合影响而形成的。中国科学院自然区划委员会所定荒漠和半荒漠的标准是：干燥度1.25～4.0为半干旱区（干草原），2.0～4.0为干旱区半荒漠（荒漠草原），4.0以上为干旱区荒漠。

2. 半荒漠和荒漠的地区分布　我国半荒漠地带主要分布在内蒙古自治区锡林郭勒盟苏尼特右旗以西、阴山以北、鄂尔多斯高原西部、阿拉善东部（指贺兰山山前洪积带），陕北省毛乌素沙地西部，宁夏回族自治区平原沙区，河西走廊东部，新疆维吾尔自治区两盆地边缘及周围山麓和柴达木盆地东部等地带。

我国荒漠地带主要分布在内蒙古自治区西部阿拉善地区、河西走廊西北部、新疆两盆地中的沙漠戈壁地区，昆仑山荒漠海拔最高可上升到3 300m左右。柴达木盆地中的沙漠戈壁区系青藏高原上的高寒干旱荒漠。虽然东北地区西部及内蒙古自治区东部的呼伦贝尔沙地、科尔沁沙地、小腾格里沙地、乌珠穆沁沙地和松嫩地区的零星沙地也都称为沙质荒漠，但这些地区属于干草原地带或半湿润草原地带。年降水量都在200～400mm，甚至为500mm，干燥度仅1.2～2.0以内。沙地绝大部分为固定或半固定沙丘，流沙面积很小，植物生长良好，覆盖度一般为20%～50%，有的甚至可达60%，土壤多为沙壤土和栗钙土。因此，一般不把这些沙地划在半荒漠内。

（二）荒漠和半荒漠地带的一般特征

1. 地形特征　荒漠、半荒漠地带的区域内，除阴山、贺兰山、祁连山、天山和阿

尔泰山以及昆仑山等山脉的高山、亚高山外，主要是沙漠（沙地）戈壁、湖盆、盐碱滩以及在山麓河边出现的大小不等的绿洲。其中，干旱的沙漠（沙地）戈壁和盐碱地区对骆驼来说，具有重要意义。

2. 气候特征　我国内蒙古自治区和西北地区，地处内陆，远离海洋 1 500km 以上，且境内群山阻隔，在对荒漠地区的大气环流及阻截水汽上均有很大影响，从而形成了荒漠和半荒漠地带的四大气候特征，即空气干燥、终年少雨或无雨、年降水量少于 250mm，许多地区不到 100mm 或无降水；气温、地温日较差和年较差大，多晴天，日照时间长，植被稀疏或无植被；风沙活动频繁，容易将裸露地面的沙砾吹扬，形成沙暴；在荒漠中能获得水源的地方，可形成独特的绿洲气候，有利于瓜果及棉花等作物的生长。

3. 土壤与植被的特征　在内蒙古草原上，由于自然条件的差异，全区从东北向西南出现了一个具有明显规律性的变化。在东部及南部边缘地带，全年降水量介于 150～250mm 的地方，土壤由栗钙土变为棕钙土，这种土壤是干草原和荒漠之间过渡的土壤类型。趋向内陆，降水量在 150mm 以下，土壤变为荒漠类型的漠钙土。降水量在 100mm 以下，所分布的土壤，大都是属于典型荒漠类型的灰棕色荒漠土及其亚类。

天然植物的生长，随着土壤气候的变化而变化。在内蒙古是由湿润的草甸草原植被演变为干草原植被，再演变为半荒漠植被和荒漠植被的。从中可以明显看出，植被的形态、高度和产量等随着土壤干旱程度的加剧而发生规律性的变化。

荒漠、半荒漠草原的植被覆盖度低，仅为 10% ～ 30%，产草量为 750～1 500kg/hm²。植被表现为区系组成比较贫乏、种类稀少、结构简单、分布稀疏，形成了以旱生、超旱生、盐生的灌木、半灌木或小灌木、小半灌木为主要建群的根系比较发达、生产力低、营养价值不高的植被带。

二、牧草种类

在荒漠、半荒漠植被中起主导作用的是杂类草的藜科、菊科、蒺藜科，以及豆科、禾本科牧草，也有一些虽然为植被的主要组成种，如针茅、隐子草等，但它们随降水量的变化生长很不稳定。其他科中，如怪柳科的红砂，蔷薇科的蒙古包大宁，百合科的多根葱、蒙古葱，旋花科的刺旋花，鸢尾科的马蔺等，在干旱荒漠植被中虽然属种不很多，但在植被组成中往往占有极其重要的地位。多根葱、蒙古葱、刺旋花、马蔺等植物都是干旱荒漠植被中的主要伴随植物种。

现将骆驼饲用的植物，按杂类草、禾本科牧草、豆科牧草、莎草科牧草以及树叶饲草等类型进行简要介绍。

（一）杂类草

菊科、藜科、蒺藜科、怪柳科、蓼科、百合科、伞形科等科牧草，均包括在杂类草中。它们分布广，适应性强，种类繁多。其中以菊科、藜科的数量最多，蒺藜科、怪柳科和百合科次之。这些牧草的共同特点是低矮稀疏、生产力很低，然而所含的营养物质，有的却与禾本科和豆科牧草差不多。在生育阶段上，有的每年春季萌发较早，可以作为早期放牧饲料。但由于牧草种类不同，不同生长时期的适口性不同，因而各种家畜的采食喜好和程度差别很大。例如，骆驼蓬马、牛不吃；蒿属植物在幼嫩时味道轻，家畜大都可以利用，当生长到夏季时，味道太浓，就不能为家畜利用，只有到秋季或冬季才能利用；马莲幼嫩时，家畜不吃，要到枯黄时才吃。这些牧草对骆驼来说，都能利用。所以在荒漠和半荒漠地带，骆驼的饲料来源要比牛、马等家畜丰富得多。

（二）禾本科牧草

禾本科牧草种类繁多，饲用价值和经济价值都很高，且耐牧性强、再生力也强。它们富含糖类，适口性较好，能被家畜采食，是牲畜在天然饲草基地上的主要牧草之一，而且大多可以刈割或制作成干草，储备到冬季饲喂。但在荒漠地带的草层中，禾本科牧草分布很少，远远没有杂类草多。

在荒漠和半荒漠草原分布较广的有糙隐子草、无芒隐子草、羊茅落草、三芒草、虎尾草、小画眉草，以及早熟禾属、冰草属、针茅属等小禾草类。它们的植株一般都矮小，但营养价值较高，萌发早，成为早春放牧的主要饲料来源，也是骆驼等其他家畜抓膘催肥的好饲料。大型针茅幼嫩时，牲畜可食，抽穗开花以后，渐变粗糙，芒针坚硬，对牛羊和骆驼均有很大危害。还有芦苇、芨芨草、沙鞭等大型禾草，它们植株较高，一般都可以刈割或制作成干草，储备到冬季饲喂。

（三）豆科牧草

豆科牧草的株型，有直立、匍匐、缠绕和无茎等。根大多呈圆锥形，主根粗壮，深入土中，分生枝根，向四周扩展。茎多为草质，也有少数变为木质。豆科植物含蛋白质及钙质较多，营养价值很高，是幼驼和繁殖母驼极其重要的饲料。

豆科牧草在荒漠和半荒漠地带不易生长，仅有少数几种。如刺叶柄棘豆、花棒、沙冬青、山藜豆、胡枝子、草木樨、铃铛刺、新疆野豌豆等。

（四）莎草科牧草

莎草科牧草分布地区很广泛，它分为大型莎草与小型莎草两种。大型莎草大部分生长在沼泽、河边、湿润地区；小型莎草多生长在荒漠和半荒漠草原地带的干旱沙地上，是早春季节的主要牧草之一。高山草原的小型莎草特别是苔属草类耐牧性很强。

莎草科牧草为多年生植物，一年生很少。其形状特征是：茎多为三角形，圆形的很少，充满髓质，坚实无节，也有中空的。叶子大多集中在茎的下部，为互生单叶，叶片狭长，有线形也有系状。花不大，为小穗状花序，大部没有花被，或退化而成苞状。种子直立，含大量粉状胚乳。

莎草科牧草一般都可作饲草用，但饲用价值次于禾本科、豆科和杂类草，居第4位。小型莎草抽穗前蛋白质含量和消化率都较高，抽穗后饲用价值大大降低。其缺点是产量低、纤维质多而粗硬，且有的含硅酸和有毒的配糖体，对家畜有害，适口性较禾本科差。

（五）树叶饲草

荒漠、半荒漠地带的树木分布不多，树种较少，只在河流沿岸或者地下水位高的地方才有榆树、胡杨、灰杨和沙枣等树种形成的森林。就在这些天然林和道路两旁、沙地、坡地及防护林带等处栽种的树木，其嫩枝落叶都可成为骆驼等家畜的饲料来源，也可作为遮阳场所。

三、毒害植物

在有毒有害植物中，有的能直接伤害骆驼等家畜，甚至致使死亡，或间接使畜产品的质地变坏。在若干植物中，毒素的含量随生长时期不同而发生不同程度的变化，如沙蒿发芽时有毒，锁阳开花时也有毒，乌头幼嫩时毒性较轻，将开花时毒性最烈。同一有毒植物在不同地区毒性也不相同。不同家畜对有毒植物的表现也不相同，有的植物对牛、马、羊可能有毒，但对骆驼或许无害。有毒植物多具有特殊气味，骆驼一般不采食，中毒机会较其他家畜少。但有时由于饥不择食，或外来骆驼不宜识别，也易发生中毒。

有毒物质可分为生物碱类、配糖体类、挥发油类和有机酸四大类。例如，在内蒙古自治区、甘肃省、青海省和新疆维吾尔自治区等荒漠地带分布的小花棘豆［*Oxytropis glabra*（Lam.）DC.］，醉马草［*Achnatherum inebrians*（Hance）Keng.］，毒芹（*Cicuta virosa* L.）等，大多都是生物碱作用。

有些牧草本身并不含毒质，但对畜体或畜产品却有一定程度的危害。具有尖锐芒刺的植物，可以直接刺伤驼体，伤及眼睛和嘴唇。芒刺附着在驼毛上，可使毛质变坏，增加洗毛和纺织困难。例如，大型针茅和三芒草，在种子成熟后，其带芒颖果（即芒针）对毛用驼危害很大。还有草木樨和葱、蒜、艾等牧草，过多采食常可使乳、肉的气味变坏，猪殃殃属可使驼乳变成不正常的颜色。

在西北草原上，常见的有毒有害野草有以下几种：

1. 醉马草［*Achnatherum inebrians*（Hance）Keng.］

毒害：骆驼能识别醉马草，一般不采食，即使采食少量，也不致中毒。但在冬季缺乏饲草时，饥不择食，往往大量采食而中毒。中毒症状：口吐白沫、精神沉郁、采食停止、反刍减少或停止、行走时步态不稳。

防治：中毒早期应灌服酸性药物，如食醋或酸奶 500～1 000mL，也可用醋酸30mL、乳酸 20mL 或稀盐酸 30mL，加水内服，并配合补液、强心药物等常规治疗方法。此外，牧民一发现醉马草，随即铲除捣烂，与粪混合涂抹骆驼口腔及牙齿，使其闻臭厌恶，不再采食。

2. 小花棘豆［*Oxytropis glabra*（Lam.）DC.］　别名马绊肠、断肠草、醉马豆，有的也把它称作醉马草，蒙名：曹格图乌布斯。

毒害：小花棘豆，骆驼一般不愿吃，但采食几次后则易成瘾，不再吃其他牧草，拣食此草，表现慢性中毒。始则发胖，易兴奋，出现酩酊醉状，喜狂奔乱跑。继而体躯逐渐消瘦，出现麻痹症状，步态不稳，神情沮丧，口腔浮肿，久而久之，卧地不起，由乏弱虚脱以致死亡。孕驼中毒后多流产。

防治：

(1) 对这种毒草，施用化学除草剂 2，4-D-丁酯，有一定效果。

(2) 可用三硫化二砷、对氨基砷酸或砷酸钠等解毒。

(3) 使病驼迅速离开有毒草的草场，并用葡萄糖盐水静脉注射。

(4) 采食多根葱后，可以解毒。

3. 乌头（*Aconitum carmichaeli* Debx.） 别名乌首。其旁根名附子，牧民称作大药或草牙子。

毒害：乌头有毒成分主要是乌头碱（$C_{34}H_{47}NO_{11}$），有剧毒。幼嫩时毒性较轻，将开花时毒性最烈，结实之后，毒性减至最低。骆驼中毒后，先兴奋，继之瞳孔放大，呆呆站立，行动时步态不稳，卧地不起，体温下降，心跳加快，喘息，呼吸困难。中毒严重的可很快死亡。

防治：草中如混有乌头，极易中毒，要注意清除。发现中毒，即应排空胃内毒物，洗胃，先用兴奋剂，继用轻泻剂，颠茄疗效较好。

4. 木贼麻黄（*Ephedra equisetina* Bunge.） 别名山麻黄，蒙名沙拉泽尔格奈或霍宁泽尔格奈。

毒害：麻黄本是中药，主发汗，松弛支气管，止哮喘，收缩血管使血压上升的重要药物，但主含麻黄碱，含药量 1.3%，其中木贼麻黄含量最多，因此对家畜的危害也就最大。多数家畜不吃麻黄，山羊与骆驼平时也不喜食，但遇旱年春季缺草时，常饥不择食，只要连续吃 5～6d，就会中毒。中毒后，停止采食，神志不清，两眼朦胧，步态不稳，前肢抬不高，后肢开始麻痹，时常跌倒。兴奋过后，麻痹更重，卧地不起，最后因虚脱或麻痹而死亡。

防治：采取放血的方法，并灌黄芩等清凉剂，或灌酸奶、食醋、甘草汤等有一定疗效。发现麻黄中毒现象，应迅速转移牧场。

5. 变异黄耆（*Astragalus variabilis* Bunge ex Maxim.） 别名变异黄芪。

毒害：全草有毒，中毒后口腔肿胀、流涎、不安静、摇头、眼睛直视、消瘦，有神经症状，咬牲畜甚至扑人，四肢麻木。

防治：用绿豆和甘草煎汤灌服，轻者有效，酸奶或醋灌服轻者解毒，青沙竹、甘草饲喂可解毒。在早春尽量不到有变异黄耆的放牧地放牧，或缩短放牧时间，勤倒换草场。

第二节 放牧饲养特点

骆驼生存的生态特点和行为表现非常特殊，但过去都是在极其粗放的条件下进行饲养和繁育的，一直未能实现科学饲养管理。随着现代畜牧业的进程加快和人民生活水平的提高，骆驼的饲养管理由粗放型逐步向科学化、集约化和标准化发展。为此，更有必要加强对骆驼行为习性的了解和研究，以便能有效地根据其行为表现来正确指导生产，切实改进饲养管理、繁殖育种和疫病防治等工作。

近年来，随着信息技术的飞速发展，在散牧和跟牧的基础上又逐渐衍生出了智能放牧体系，即利用卫星定位系统、信息传导等技术手段，来实现远距离动态监测双峰驼生活轨迹，以达到远程观测，定点收牧的高效放牧目的。此放牧方式近年来在内蒙古自治区阿拉善地区发展较为迅速，技术也较为成熟、领先。

一、生活习性

1. 栖息性 骆驼一天的活动，主要有采食、休息、反刍、游走、哺乳、饮水等项。在不同条件下，行走止息均有一定规律。夏秋天热时，喜三五结伴，向高燥平坦、通风凉爽的地方，顶风前行，背向太阳采食，选择干燥通风、表土疏松、曾有骆驼休息过的地方，成群坐卧休息；冬春天气寒冷时，则喜往低洼暖和能避风雪的地方，顺风前进，面向太阳采食或群居栖息。雨雪风沙天，为避免头部受风沙袭击，不管什么季节，均喜顺着雨雪风沙行走、采食和止息。无风晴天喜在高燥通风处采食休息，阴凉天气则无定向。

2. 善游走性 骆驼为适应荒漠草场稀疏的植被，每天需慢游走几十里进行采食。其四肢长，体高大，若向着一个方向，一昼夜时间可慢游走四、五十里，有时近百里。冬春季的游走距离最近，骟驼：10～15km；母驼：3～9km；驼羔：3km。秋季游走距离最远，可达30～50km甚至更远。双峰驼一般白天游走采食、夜晚卧地休息，影响游走距离的因素主要是草牧场大小、季节、温度、风向、风力、空气水分、降雨情况、雨雪风暴、地形地貌、土壤类型、土壤水分、水源分布、土壤矿物质成分、海拔高度、蚊虫繁殖、植被类型等因素。

3. 合群性与护群性 出牧时，由一峰头驼带领，排成纵队，按习惯的路线鱼贯前进，到达牧场后三五成伙，分散采食，个体间保持一定距离，互不干扰。归牧时，则又结成大群行进，到达休息地后，休息片刻，转为坐，互相照顾，警惕敌害。母驼的合群性和护群性较强。去势驼的合群性次于母驼，公驼最差。公驼除在配种季节严格控制母驼群，驱赶去势驼和公驼外，在夏秋季节常三两结伴，离群远走，自寻水草。2～4周岁的青年驼则喜在驼队两侧随有亲缘关系的大驼行进。

4. 母性 母驼产羔后会一直守护在驼羔旁边，不吃不喝，驱赶不走，过度驱赶则会向人发起攻击，如果初生驼羔死亡，则会哀号不止，不肯离去。在牧场上采食的带羔母驼如果发现驼羔远离其身边时，则发出高亢独特的叫声呼唤驼羔，当驼羔遇有惊扰时，则猛扑过去保护驼羔。

5. 对环境变化的敏感性 骆驼对环境变化的敏感性强，对长期生活的草场留恋性很大。每当移场时，多表现不安，食欲减退。在尚未习惯新环境之前，总想返回原来生活过的地方。如不人为地加以控制、管理，移场距离无论多远，都可能跑回原牧场，母驼尤为突出。所以当牧场差异较大时，不要过于突然变换，要逐渐变换，以避免骆驼因不习惯新环境食欲降低，或因饲草转变太快而引起消化道疾病。

6. 嗅觉灵敏性　骆驼的嗅觉特别灵敏，顶风能嗅到几千米以外的水源。骆驼凭借自己的嗅觉，可以寻找到数千米外的水源，而且只要曾饮过一次水，以后也能顺利找到该水源。有人曾经这样赞美骆驼："当时识风侯，过破辨沙泉""潜识泉源，微乎其智"；又据《博物志》载："……时有伏流处，人不能知，骆驼知水脉，过其处辄停不行，以足踏地，人于所踏处掘之，辄得水"。

二、采食特点

1. 采食器官　骆驼的唇、齿、舌是其采食的主要器官。上颌比下颌宽，主要靠下颌的横向左右磨动粉碎食物。骆驼对低矮草本可用下颚的切齿和上颚的齿垫咬断牧草吞食；对带刺的锦鸡儿等牧草，能用唇巧妙地选择细嫩部分采食，即将粗硬枝干咬住，捋其细嫩枝叶；对疏丛状灌木，如白刺和红砂等，可毫不费力地选吃其全株的嫩枝绿叶；对密丛状灌木，如霸王等，则将上唇伸长如圆锥状，攫取株顶到株侧的枝叶，对全株长满花叶的红柳和花棒，则用口衔枝条基部，抬头即将全部花叶捋入口中；灵活的两片上唇，还能顺利地拣食那些残留在地上的枝叶。它身高颈长，能将周围 $2m^2$ 处的牧草吃光，对株高 3m 左右的乔木枝叶，也能顺利采食，能和长颈鹿一样利用"空中牧场"。

2. 采食偏好　骆驼食性杂、口泼，偏爱采食带强烈气味、带刺、灰分含量高的牧草，以及盐碱重的菊科、藜科杂类草和木质化程度高的灌木、半灌木。骆驼的视觉和嗅觉都很灵敏，能远距离发现自己喜食的牧草，并能分辨优劣。骆驼采食时，对植物种类及同株植物的不同部位或不同成熟阶段，都先经挑选然后采食。一般喜食青绿草，干枯草次之，喜食叶片，茎秆次之，对粪尿污染过的则避而不吃。

3. 采食效率　骆驼出牧之初，采食速度快，空走少，只要能吃的植物，都大口大口地采食，食欲强，难以控制。当采食到一定程度后，开始对牧草进行严格挑选，凡自己所喜吃的，虽多走几步也必前往采食。当缺乏某些必要的营养物质时，它就长途跋涉四处寻觅，通过品尝、啃咬和嗅闻等手段，直至找到所需要的食物为止。个体间营养水平不同，选择食物上有明显差别。天冷时喜多吃高能量食物，生长迅速时喜多吃蛋白质和矿物元素丰富的食物。

骆驼在游走采食时，从不过度摄食，只啃食牧草的上部和一小部分，保留大部分茎和枝干，不像山羊，掘取植物基部进行啃食。骆驼的采食行为也可反作用于植物，通过采食对大部分灌木起到修剪作用，进而能够促进植物新枝和果实的生长发育，保护植株应对干旱气候，最终起到更新复壮的作用。一些灌木，如果骆驼不采食，3～5年后便会自然枯死。骆驼与生态环境的这种彼此依赖关系，被认为是一种与生态环境相互适应的平衡现象。

4. 采食时间　骆驼在春、夏、冬季采食，主要集中于白天，秋季则昼夜采食。成年驼和青年驼，昼夜采食时间为 11～14h；当年产羔母驼的采食时间约为 11h，泌乳驼采食时间则更少，需在归牧后补饲牧草和饲料；1 周岁驼羔约为 9h。游走时间（包括出牧、归牧及由牧地到饮水点往返行走的时间）各类驼基本都为4～5h。休息时间（包括反刍），成年驼与青年驼为6～8h，1周岁驼羔约为10h，当年驼羔则为18～20h。夏秋季节，牧草适口性好，骆驼几乎全天都处于紧张的采食状态，很少卧地休息，只在中午前后采食稍有减少；冬春季节，采食时间缩短为8～11h，休息时间则相应延长。骆驼食量大，抓膘慢，一年四季不停地采食，才能抓好膘，保证安全过冬度春。

骆驼在夏季的采食速度大体能接近1口/s的频率。每分钟可啃食牧草40次左右，抬头咀嚼约10次，其余时间用于完成吞咽动作，每5min内能完成8～9个食团的采食。以不同植物而言，以采食柔嫩低草最快，疏丛状灌丛的采食速度次之，而以密丛状灌丛为最慢。以放牧时间而言，只在中午前后的采食速度较慢，其他时间都能保持紧张的采食状态。以不同气候而言，天气良好时采食速度较快，而在炎热、寒冷、多风、下雨时，则采食减慢或停止。以不同骆驼而言，青年驼采食速度最快，幼驼和老年驼次之（图4-1、图4-2）。

图4-1　双峰驼在秋季牧场上采食

图4-2　双峰驼在冬季牧场采食

5. 采食作用　骆驼在游走采食时从不过度摄食，只啃食牧草的上部和一小部分，而保留大部分茎和枝干。骆驼的采食行为亦可反作用于植物，通过采食对大部分灌木来对其起到修剪作用，进而促进植物新枝生长，保护植株应对干旱气候，最终对植物起到更新复壮的作用。一些灌木，如果骆驼不采食，3～5年后便会自然枯死。骆驼与生态环境的这种彼此依赖关系，被认为是一种与生态环境相互适应的平衡现象。

三、反刍特点

1. 胃部特征 骆驼胃为多室混合胃，与一般反刍动物的胃在形态和结构上存在很大差异。骆驼的胃仅有三室，而其他反刍动物的则为四室。骆驼的第一胃最大，分为前囊区和后囊区。第二胃较小，相当于反刍动物的网胃，与第一胃不完全分开，其腹部及第一胃的腹部形成囊腺区。第三胃较长，起自第二胃，位于第一胃的右侧，相当于其他反刍动物的瓣胃和皱胃的合并部分。骆驼的第一胃和第二胃也可称为前胃。

2. 反刍行为 骆驼采食时，略微咀嚼，混入唾液，形成食团咽下。饲草在瘤胃当中停留一段时间，进行湿润、膨胀、软化、发酵，其中发酵时间较长，有利于细菌和原生动物的繁殖。反刍时，第1胃和第2胃做有力的收缩，在第1胃后上囊本身收缩之前不久，后上囊的腺囊收缩，将腺囊内的内容物排出，当后上囊一收缩而发生反刍，随着前下囊收缩而出现嗳气。食团经食道逆呕至口中倒嚼，并润以唾液，重新吞咽。这一反刍和咀嚼过程可再次反复进行，直至彻底嚼碎食物。

3. 反刍特点 骆驼的反刍一般与采食时间无关，一般集中在夜间，卧地进行，早晨达到高峰，反刍时间为5～8h，白天有时也做断续的站立反刍。反刍时，从瘤胃逆呕的食团，在口中左右往复地咀嚼15～30次，然后吞咽入腹。经过一定间歇时间（平均7～8s），再开始第2次反刍。每一反刍食团所需的咀嚼数，主要决定于当天所食牧草的软硬程度，如在春季采食干草时，则需咀嚼28～35次才吞咽入腹。其他反刍家畜，一般由采食到反刍，须经一段闲散或休息时间方可进行，而骆驼则采食停止不久即可反刍，有的甚至停食1min后就开始。牛、羊在反刍咀嚼时，下颌臼齿总是向一侧磨动，不是左磨就是右磨；而骆驼的下颌臼齿可左右往复磨动，并特别清脆有力。

四、饮水特点

(一)储水能力

成年骆驼身体中的含水量约占体重的50%，幼驼约占体重的70%。骆驼体内水分主要来源是饮水、食物中的游离水、体内代谢水。骆驼之所以能耐干渴，主要在于能饮入大量的水。这种体液的迅速稀释，一般哺乳动物都不能忍受，唯骆驼可安然无恙。骆驼之所以能有效保存水，一是体液和血液中含盐量较高，因此蓄水能力强；二是红细胞对低渗溶液的抗力较大，即使膨胀1倍于其正常体积也不致破裂，只有当溶液浓度低于0.2%时才有溶血现象；三是血液中还有一种蓄水力很强的高浓缩蛋白质；四是微细血管壁较厚，可有效控制水分渗出。骆驼体液中，60%～65%的水存在于细胞内，其余35%～40%存在于细胞外和血液中。当脱水时，骆驼血浆内水分损失仅为10%。

(二)耐干渴性

由于组织结构和生理机能的特殊，骆驼五六日内喝不上水仍可照常劳役，即使更长时间缺水也不致有严重的生命危险。乌兰察布市家畜改良站陈忠等在 1981 年春季利用 2 峰成年双峰驼骟驼进行的试验表明，在只喂干草不给饮水的条件下，分别经 72d 和 85d 才渴极致死。骆驼在干渴时，明显表现为烦躁不安，采食量减少，腹围缩小，尾不停摆动，拴系时绕圈转，或主动跟人求助。当外来骆驼干渴时，就尾随在本地驼群后面找水喝。

（三）饮水量

骆驼饮水速度很快，在 10min 内就能饮 50～80L 水，中间只间歇 3～4 次。骆驼一口气能喝水 20 次以上，然后抬头吸气，重新再喝。喝足之后，摇头甩净唇边所沾的水，不慌不忙地离去。成年驼一日的饮水量为 60～80L，母驼略少，冬春吃雪时为20～30L。夏季气温高，为调节体温，骆驼消耗的水量增加，从而对水的需要也增加，因此必须保证足够的饮水。

（四）饮水习惯

牧区骆驼饮水由人控制，往往一口水井多人共用。一般一处水源上的几群骆驼分批上井，养成了几群骆驼按时结队先后就饮的习惯。一般来说，母驼饮水在早晨，骟驼、公驼饮水多在中午前后。而那些老弱驼，由于行走缓慢、体力不济，被排挤在一边，等大群饮完之后才能痛饮。个别胆小驼，大群饮水时不敢前往，留下自己则又怕孤单，故常喝上几口水就慌忙欲走，如果不注意照顾，往往饮不足量的水。在夏季饮水 1 次/d，冬、春季与天凉时饮水每 2d 1 次；产羔母驼饮 1 次/d。青草季节，因青草含水量大，可多日不饮水。

（五）对水质的要求

虽然骆驼对水质的要求不像牛、马、羊等家畜那样，一般能饮用较咸较苦的水，但也常常由于饮水不洁而引起一些疾病。水源应以清洁、无污物的为好。水的硬度不可太大，水温在 8～10℃较好。带有冰块的水和深井的水，对胃肠不利，故不宜给骆驼饮用。在缺水的地区，当需饮用不洁之水时，应施行过滤法或投以药物消毒。

第三节　四季放牧饲养

骆驼能充分利用干旱荒漠草场的多种牧草，耐粗放，适应环境的能力很强，具有独特的生物学特征，是适合放牧管理的牧养家畜。

一、四季放牧饲养目的

四季放牧饲养的目的是抓好膘、保好膘，因为膘情是家畜生存繁殖和生产活动的基础。人们在生产实践中认识到骆驼抓好一年的膘可以奠定二三年的基础。有经验的放牧员非常重视骆驼的抓膘和冬春保膘的工作。

抓好畜膘是抗灾保畜的基础，有了膘就有了完成各项畜牧业生产指标的根本。四季放牧中要根据骆驼的膘情，充分利用地形、气候、草质、草量、饮水等不同条件，利用各种机会抓好膘、保好膘。如果上述因素中的某一项或数项影响了抓膘、保膘，则应根据影响程度立即采取相应措施，不可拖延过久；否则，会影响整群骆驼的抓膘，影响各项生产指标的完成。一个优秀的放牧员，在抓膘时，不能贪图夏、秋安逸的生活，而应吃苦耐劳，努力抓好膘；否则，要吃抓不好膘的苦头。在同一个牧场，同一个饮水点饮水的骆驼，会有不同的膘况，产生不同的生产效果，这在生产上很常见。就是那些常年干旱的地方也有好膘的骆驼，这不能不引起我们的思考。所以研究总结四季放牧管理经验是一项重要工作。

二、四季放牧阶段划分

四季放牧管理中没有严格的界限，为了便于叙述和划分，根据内蒙古的气温情况和草场生长情况，将24个节气划分为8个畜牧业生产阶段，供养驼参考。

第1阶段：立春至春分，2月3日至3月2日，春季前期。

特点：阳气回升，天气转暖，但寒流活动频繁；草场条件差。

第2阶段：春分至立夏，3月20日至5月7日，春季后期。

特点：天气不太冷也不太热，但很不稳定，多大风；牧草开始萌发。

第3阶段：立夏至夏至，5月5日至6月22日，夏季前期。

特点：天气转暖，蚊蝇多；牧草生长，抓水膘。

第4阶段：夏至至立秋，6月22日至8月7日，夏季后期。

特点：天气炎热，牧草长势好，抓肉膘。

第5阶段：立秋至秋分，8月7日至9月24日，秋季前期。

特点：天高气爽的"中秋"季节，天气不冷不热；牧草由开花到成熟，营养价值高，抓油膘。

第6阶段：秋分至立冬，9月22日至11月8日，秋季后期。

特点：天气变冷，寒潮开始活动。

第7阶段：立冬至冬至，11月7日至12月23日，冬季前期。

特点：这一时期气温进一步下降，冷空气活动频繁。

第8阶段：冬至至立春，12月21日至翌年2月5日，冬季后期。

特点：一年中最冷的时节，伴有风雪天气，牧场条件较差。

双峰驼主要分布于干旱、半干旱荒漠草场。十年九旱的气候使骆驼练就了对灌木、半灌木、小半灌木、耐寒牧草粗枝硬茎的特殊利用能力。骆驼可根据年景、季节不同，对牧草进行选择性采食。在风调雨顺的年景，骆驼对幼嫩牧草有较强的选择性。在灾害年景，骆驼对牧草有较强的采食能力。一年四季中骆驼均有特殊的采食喜好。

三、骆驼四季喜食植物

春季，骆驼主要采食返青较早的牧草，如沙拐枣、木蓼、花棒、霸王、柠条、冷蒿、梭梭、合头黎、珍珠、球果白刺、优若藜等。

夏季，骆驼喜食的牧草有沙葱、石葱、棉刺、刺蓬、棉蓬、合头柴、蒺藜、球果白刺、沙拐枣、花棒、木蓼、叉枝雅葱等。

秋季，骆驼喜食那些细嫩的"底草"，如冷蒿、籽蒿、牛尾蒿、花棒、木蓼、三裂艾菊等。

冬季，骆驼喜食那些枯黄后消除了部分苦味的牧草和秋季存留的部分牧草，主要有红砂、合头黎、珍珠、梭梭、盐爪爪、球果白刺、沙竹、芦草、芨芨草、针茅、籽蒿、茅蒿、冷蒿、猪尾蒿等。

四、易引起骆驼中毒的牧草

骆驼的采食量较大，在春、夏、秋三季，如果单一采食某种牧草过多，就易造成中毒。单一采食后易引起中毒的牧草主要有以下几种。

1. 芦草、沙竹　接青时骆驼首次采食半饱极易中毒。主要中毒症状是腹胀、口腔紧闭。

2. 沙蒿、锁阳　天热时饥饿的骆驼采食后易引起中毒。主要中毒症状是闭眼、流泪、咬牙、两耳下垂、无精打采、卧地不起。晚间凉爽后，骆驼采食或饮足水后采食则不易引起中毒。采食锁阳的双峰驼中毒后，骑乘出汗或灌酒均可缓解症状。

3. 盐爪爪　刚发芽时，没有吃习惯的骆驼首次采食易引起中毒。中毒症状是腹胀、腹泻。

4. 许厂卿　冬春采食后易引起慢性中毒性腹泻。

5. 霸王　5月后骆驼采食易引起腹泻。

6. 梭梭　返年长出三节幼枝和没有吃习惯的骆驼采食后引起腹胀。

7. 假木贼　青绿期采食易引起腹胀。

8. 棉蓬　夏秋采食易引起腹胀。

为了防止中毒和腹胀，有效的预防方法是不断调换草场，防止单一大量采食。

五、骆驼四季放牧管理

（一）春季放牧管理

1. 春季放牧特点

（1）春季草场特点　放牧草场经过冬季骆驼对枯草的大量采食利用，细枝茎叶已利用完，仅剩粗枝老茎，覆盖度降低。部分牧草返青较早，如盐爪爪、细枝盐爪爪等。

（2）春季气候特点　阳气回升，天气转暖。但寒流活动频繁，春寒不断发生，气温多变，风沙大，蒸发量大，使草场的旱情加重。部分地区水位下降，水质改变。

（3）春季骆驼的特点　经过漫长的枯草季节，加之冬季低温、大风的影响，又因日照时间短，采食时间少，骆驼营养状况下降。干旱年份双峰驼乏弱，远距离采食和山地采食受体力的限制不能走太远，通场移牧能力差，有的表现极度乏弱，失去站立能力，卧地不起，甚至死亡。骆驼开始配种、接羔、剪取粗毛、收集绒毛。

2. 春季放牧管理目的　春季放牧管理的目的是利用多种放牧管理方法，减缓骆驼掉膘速度。全配满怀，接好羔、保好羔，随时收取脱落的绒毛，及时进行泻火等工作。

3. 春季放牧注意事项

（1）春季草场的选择　根据地形、草场、气候、水源等特点，到灌木多的草场放牧，增加骆驼的采食量。在放牧管理过程中勘察小片草场，利用小通场，采食小片草场并延长放牧时间以增加骆驼的日采食量。给骆驼提供充足的饮水以满足骆驼因采食枯草对水分的需求，加强管理，防止死亡。冬场由于一季的利用，到春季可食部分大量减少，草场条件最差。所以骆驼不能在一处久居放牧，要充分利用零星的小片草场。一片草场放牧的时间根据草量而定，多则1个月或更长时间，少则十天八天。不断的小通场可使骆驼对放牧地有新鲜感，提高骆驼的食欲，增加其采食量，有较好的保膘效果。

（2）春季有保膘、抓膘作用的牧草　例如，盐爪爪、细枝盐爪爪等。及早采食返青早的牧草，恢复春乏，增强体力。这是抓好春季水膘的重要环节。返青早的牧草有狭叶锦鸡儿、霸王、梭梭、优若藜等。

①盐爪爪　别名碱柴，藜科盐爪爪属，味咸，分布在低洼潮湿盐碱的地方，单独建群或混生，适口性较差，是一种很好的抗灾牧草。盐爪爪在夏秋季节因适口性差、采食量减少而得到保护。由于盐爪爪在春季返青早，对已适应了的骆驼可起到保膘、抓膘的奇特效果。盐爪爪在牧场上单独建群或与台草、芨芨、白刺、黑沙蒿混合组群，或与白刺组群。初次放牧，骆驼不喜食，要进行强迫性放牧，慢慢即可适应。

②细枝盐爪爪　别名黄毛头，藜科盐爪爪属，味咸，分布在沙壤坦地，是一种很好的抗灾牧草。其他季节因适口性差双峰驼均不去采食，因此细枝盐爪爪得到保护，该草返青早，骆驼适应后可大量采食。牧民经多年放牧得到的经验是：吃黄毛头涮腿子（涮腿子是指腿能变粗，就是抓膘的意思），由此可知春季该牧草的利用价值。细枝盐爪爪不单独建群，它与珍珠组合，或与合头藜、珍珠混群组合。由于珍珠、合头藜这两种牧草质量好、适口性好，因而在这种草场上放牧的双峰驼，一般很少采食细枝盐爪爪，要下工夫迫使双峰驼采食。

春季是一年中骆驼最乏弱的时期，因此管理工作必须针对其乏弱的特点，保证骆驼安全度过春乏关。

（3）春季放牧应注意的有毒植物　如醉马草、变异黄耆、小花棘豆、中麻黄等。中麻黄中毒一般不被注意，易造成损失，特别是干旱年景在混杂有中麻黄的草场上放牧要加倍小心。中麻黄中毒多发生在春季，因其春季返青早，大量麻黄碱集中在枝条上，极易引起中毒，而秋后大量麻黄碱被储存在根部，枝条可供家畜利用。防止中毒的方法是躲避、阻止采食或者铲除。

（4）春季增加采食量　延长放牧时间是春季骆驼保膘的重要方法，是春季放牧的主要措施。春季牧草营养价值较低，只有大量采食才能保证骆驼维持营养的需要。延长放牧时间的方法是早出晚归。早晨在日出之前将骆驼赶到放牧场上，下午天黑后集中赶回，晚间骆驼可赶快一点。

春季骆驼由于大量采食不易消化的粗枝硬茎牧草，为充分利用所食部分的营养物质，骆驼在此阶段会增加反刍时间和次数，由于不被利用的成分较多，增加了其排粪量，粪稀薄不成形。

（5）春季饮水　保证充足的饮水可提高骆驼采食量。秋末牧草枯黄后，经过数月的蒸发，到春季早期牧草的含水量所剩无几，只有15%左右。因此，骆驼采食的大量牧草中水分很少。所以，春季骆驼饮水量增加，应保证每天有一次充足的饮水，饮水时间早、中、晚均可。

春季散牧时饮水不足的骆驼肚子小，常等候在井旁。如不能保证春季骆驼对水分的需要，势必会影响其采食和对营养物质的消化与吸收。春季饮足水的骆驼对干枯牧草的食欲增加，掉膘速度减缓，给骆驼抓水膘奠定了基础。

春季骆驼的饮水量比其他季节大，采食甜草的骆驼饮水量较小，采食咸草的骆驼饮水量大。如采食盐爪爪、细枝盐爪爪、珍珠等咸性牧草，饮水量特别大，可反复喝水并不间断反刍，持续2~3h才能饮足水。

饮水后驱赶骆驼不能过快。骆驼饮水量很大，春乏骆驼饮足水后加重了身体的负担，两腿发软、行走吃力，所以饮足水的骆驼在驱赶过程中和下坡时不能过快，更不能跑，以防摔倒受伤或致残。饮水过程要防止过分拥挤，以免倒地发生意外。

（6）春季补盐　多数沙漠中放牧的骆驼因长期采食甜草和饮用甜水感到口淡，所以要定期补给食盐。根据酸碱度，牧草可分为酸性牧草和碱性牧草。酸性牧草磷、硫、氯元素含量高，碱性牧草钾、钠、钙元素含量高。由于骆驼长期采食缺少钾、钠、钙元素的牧草，血液酸碱度受到影响，骆驼表现为食欲减退、嘴烂、口吐白沫等症状。所以，为了调节骆驼血液酸碱度和细胞内外渗透压，提高骆驼食欲，促进其消化机能，必须定期补给食盐。补给食盐的方法是在井旁或营地将食盐放到木槽、筐、盆等器物内置于架子上或地上，让骆驼自由采食，一般在饮水后采食。

（7）春季消灭硬蜱　硬蜱是寄生在骆驼体外的一种寄生虫，主要寄生部位是大腿内侧、乳房、前胸、前肢内侧、会阴等处。少量寄生的部位是腹部、颈部、头部、肩部等部位。硬蜱的大量寄生，会影响双峰驼的休息和采食。为了减少硬蜱寄生，要定期变换骆驼休息场地和就近搬迁，也可用外用药物定期擦拭将其消灭。可供擦拭的药物有3%~5%的来苏儿，1%~7%的碘酒等。

（8）春季泻火　春季骆驼泻火是一项十分重要的生产措施。骆驼生存的自然条件极差，春季采食大量干枯牧草，气候干燥、多风，骆驼极易上火，主要症状表现为精神沉郁、食欲减退、口干、口臭、口鼻生疮、两眼流泪、眼屎较多、出气发烫、不上膘等。一般在4月底、5月初，用大黄、砖茶、糖进行泻火治疗。根据不同的年龄、性别等灌服不同剂量的泻火药，种公驼、去势驼灌服300g大黄、300g茶；成年母驼灌服200g大黄、300g茶；幼龄驼适当减量。

若母驼哺育驼羔时上火，哺育的驼羔也极易上火，表现为口舌生疮、消瘦、便秘、腹泻、食欲减退、不上膘等。泻火方法是母驼灌服茶、大黄和白糖数克；驼羔灌白糖100～250g。根据一些研究报道，药糖混服会影响药物吸收，所以要药糖分服。

根据各地的经验，骆驼灌大黄和茶泻火每年进行2次，多集中在春季。

灌药泻火的骆驼一般在前1d吊草吊水，灌药当天吊水不吊草，可放牧采食，翌日饮水。但要禁止增加吊草吊水时间，春季骆驼增加吊草吊水时间是有害的，因为骆驼乏弱，恢复体力需较长时间。

根据实践观察分析，灌茶前吊草吊水让骆驼空腹，便于灌服，并保证药物发挥作用。灌药后吊水可促进药物吸收。

（9）春季其他注意事项　避免过远的驱赶放牧。春季过远的驱赶放牧，增加了骆驼体力消耗，易造成继续乏弱。春季通场移牧路途较远，要慢慢驱赶，边走边吃，防止骆驼因乏弱而卧下，增加通场移牧过程中的困难。

春天天气逐渐转暖，早春可在丘陵、梁湾、山地放牧。晚春禁止在山地放牧；否则，会增加骆驼的体力消耗。

春季骆驼最易走失，应及早寻找走失的骆驼，防止丢失的骆驼因饮不到水掉膘和行走过远绒毛丢失。对乏弱的骆驼更要引起注意。跟牧是防止骆驼丢失和加强乏弱骆驼管理的最好的方法。

（二）夏季放牧管理

1. 夏季放牧特点

（1）夏季草场特点　夏季草场可分为青草前期和青草期2个阶段。青草前期骆驼还不能饱青，这个阶段持续1～1.5个月。青草前期因受干热风的影响，且降水量小，多年生牧草绝大部分只长出较短的幼芽，生长速度慢，与往年的干枯枝条混杂在一起，生长不茂盛。在严重干旱的年份，牧草生长停止，有时甚至发生干枯和被风沙打死的现象。因此，青草前期是枯黄牧草枝茎和新生嫩叶枝茎混杂的时期。青草期往往发生旱象，青草生长不茂盛。一年生牧草因为缺水，生长较少，长出的也矮小瘦弱，覆盖度小，经不起风沙的侵袭。只有在夏季后期降水量较大时，多年生牧草和一年生牧草才迅速生长。

（2）夏季气候特点　夏季前期开始，气温逐渐升高，后期进入最热时期，蚊蝇增多。大的风沙天气逐渐减少。夏季前期一般很少降水，夏季后期降水量较多。但在特殊的干旱年景，降水量也很少，发生严重的夏旱现象。

（3）夏季骆驼的特点　夏季前期草场差，多属青黄不接，有的骆驼继续乏弱，膘情差的个体脱毛时间延后，可延迟到7月底。体况基础好的骆驼采食走得远，吃青早，吃青多，体况恢复较早，脱毛快而且较早。总之，夏季前期是骆驼体况恢复期，继续乏弱情况较少。夏季后期骆驼体况均得到恢复，应开始进行抓膘性放牧管理。

（4）夏季生产特点　夏季骆驼产羔结束，是收毛忙季，一般在夏季中期可完成绒毛收集工作。2周岁驼羔断奶。夏季前期抓水膘，夏季后期抓油膘。

2. 夏季放牧管理目的　夏季放牧管理的目的是保证夏季前期抓好"水膘"。让骆驼多吃草、多喝水，尽快恢复体况，尽早脱毛，转入新的放牧阶段，如打野散牧、自由散牧、逐水草而居的通场移牧阶段。在此阶段要抓好"肉膘"，为秋季抓"油膘"奠定基础。

夏季前期气温不断升高，双峰驼大量采食青枯混杂牧草。由于消化牧草和机体的蒸发量大，需要大量的水参与机体代谢。因此，骆驼在该阶段需要大量饮水，只有这样，骆驼才能有大的采食量促进体况恢复，故此称抓"水膘"。"水膘"是抓好"肉膘""油膘"的重要基础。

随着青草大量生长，骆驼采食青草量逐渐增加，消瘦的机体得到充足的营养，肌肉丰满，这个过程称为抓"肉膘"。

骆驼肌肉丰满后，便在肌肉、皮下、内脏、驼峰等处蓄积过剩的营养物质——脂肪，这个过程称为抓"油膘"。

根据"水膘""肉膘""油膘"的特点进行分析可知，骆驼抓膘是一个由乏弱到胖的过程，它以抓"水膘"为基础，继而抓"肉膘"和"油膘"。抓好"水膘"后可提早抓"肉膘"，延长抓"油膘"的时间，从而使双峰驼储存大量脂肪。如果因为草场和人为因素延长了抓"水膘"的时间，抓"肉膘""油膘"的时间就会缩短，最终造成骆驼乏弱。

3. 夏季放牧注意事项

（1）夏季草场选择　夏季放牧草场要选择宽广平坦、高而凉爽的地方。夏季前期要集中管理，防止骆驼丢失，造成绒毛损失。围绕饮水点，逐草而居进行小通场放牧。对一些体况较好的骆驼可提早收毛，绒毛收完后可根据草场情况采取多种形式放牧。

由于夏季前期气温不断升高，降水量小，土壤干燥，牧草生长缓慢，青黄混杂，骆驼需水量大。因此，应该经常变换放牧路线或小通场，保证骆驼有充足的牧草。骆驼吃饱草，饮足水，绒毛顶得早、脱得快，可以缩短收毛时间。让骆驼食饱草的夏季前期是抓"水膘"的关键时期，保证饮水充足是抓好"水膘"的重要方法。食咸草的骆驼，饮水量较大，应保证1d饮1次水。吃甜草的骆驼饮水量较小，要保证2d饮1次水。饮完水让骆驼安静地卧下反刍休息（"倒水磨"），经过充分休息赶起骆驼让其再次饮水（牧民称之为"冲水"）。

（2）夏季骆驼放牧方式　骆驼要散牧，以保证其自由采食。因为牧草覆盖度小、单位面积产量低，只有分散采食方能吃饱。密集的放牧方法易造成骆驼乏弱。

为了保证骆驼有充足的采食时间，晚间可不集中赶回驼圈，让骆驼在野外过夜。方法是骆驼饮水后放牧采食，四散奔走，太阳落山时将骆驼集中到一起，放牧员返回驻地，翌日将骆驼早早集中赶回饮水。这种方法的特点是骆驼采食时间长，缩短了驱赶时间，有利于抓膘，减少骆驼的丢失。

长期在一个井周围定居放牧是干旱荒漠草场普遍利用的放牧方法。这种方法在一些草场面积大的地区是一种主要的放牧管理方法。此法虽然在骆驼的放牧管理方面有很多便利条件，但因长期放牧，草场的牧草被过度采食而遭到严重破坏，有的造成沙化。由于过度放牧，枯草被吃光，青草无法生长，导致骆驼到处乱跑采食，造成骆驼丢失、绒毛丢失，所以这种方法在干旱荒漠草原是不适合的，改进的方法是在牧草萌发生长阶段，不断小通场放牧，保证定居点周围牧草有休养生息的机会。

6月底骆驼绒毛一般均可脱落完毕，这给以后的放牧管理减轻了负担。在这个时期应采用散牧、跟牧。此时，骆驼虽然都能吃到青草，但牧草水分还不能满足其对水分的需要，要注意饮水。直到8月中旬，大量含水量大的"底草"（多汁牧草）生长，骆驼饮水量才逐渐减少。

青草期骆驼饮水量减少，主要是采食大量多汁牧草，多汁牧草水的含量介于70%～90%，所以夏天多汁牧草中的水分是骆驼机体水分的主要来源。同时，机体在合成营养物质时也能形成代谢水，所以牧草水、代谢水均能满足骆驼短时间对水分的需要。因此，骆驼饮水量减少，次数减少，间隔时间增长。由于对饮水的需要量减少，放牧管理过程中可将骆驼全部或部分散牧。

利用无水草场。无水草场一般是偏远、水位很低的草场，无法利用打井的方法解决水源问题，只有在青草期才能充分利用。所以放牧过程要逐草而居。骆驼腹部缩小，采食量减少是其缺水的表现，这时一般让骆驼10～15d饮1次水。此时，驱赶骆驼边放牧边朝着水源行走，是一种理想的利用无水草场抓好膘的放牧方法。

逐水草而居是利用小片的偏远草场的放牧方法。放牧员驮着生活用品，风餐露宿，周游在放牧场上，哪里牧草好就到哪里去放牧。这种不断更新放牧场的方法，可以保证骆驼能不断采食到新鲜牧草，增加采食量，有利于抓好膘。

散牧的方法就是在骆驼收完毛后，不驱赶放牧，而是让其在熟悉的草场采食，自由上井饮水。对长年固定在一个放牧点或地区的骆驼多用此种方法。但这种放牧方法会造成草场过牧和退化。此种方法在降水量多的年份是可行的，但在干旱年份将会使水井周围十几里内的草场受到严重的踩踏和过牧，不利于骆驼抓膘和畜牧业可持续发展。

夏季后期天气炎热，骆驼采食量受高温限制明显减少。因此，天热时要注意让其休息，等到天凉时再让其吃草，从而避免过热，使骆驼增膘速度减慢。骆驼在安静休息时不要去惊动、驱赶它，以保证在凉爽时能充分采食牧草。

（三）秋季放牧管理

1. 秋季放牧特点

（1）秋季草场的特点　秋季是干旱荒漠草场牧草生长最茂盛的时期。此时期降水较集中，多年生牧草生长茂盛，一年生牧草也茂密生长（牧民称一年生牧草为"底草"）。"底草"味道清淡，草质细嫩，从花期到结籽期营养价值较高。而多年生灌木、半灌木、小半灌木牧草虽然生长茂盛，但是与一年生牧草相比，其适口性明显降低，骆驼采食量明显减少，多年生牧草被保护。只有在草场干旱、"底草"停止生长时，骆驼才利用多年生牧草，这是旱象的表现。

（2）秋季气候特点　降水量较多，秋季前期天高气爽，天气不冷不热。秋季后期天气逐渐变冷，寒潮开始活动。

（3）秋季骆驼的特点　经过夏末的青草期，骆驼的乏弱得到恢复，抓"水膘""肉膘"结束，进入抓"油膘"阶段。骆驼能够充分利用多种牧草。由于天气凉爽，骆驼的不安定采食行为得到稳定，采食慢游半径缩短，采食量增加。

2. 秋季放牧管理目的　秋季骆驼放牧管理的目的是在抓好"水膘""肉膘"的基础上，充分利用丰美的牧草抓好"油膘"。

3. 秋季放牧注意事项

（1）骆驼秋季放牧要注意抓好膘　秋季放牧要保证骆驼有充足的采食时间，自由采食，充足饮水，不快速驱赶，不让骆驼出汗，少使役或不使役，防止骆驼丢失，不断变换草场。放牧中远离冬场。

秋季是骆驼抓膘的最好的时间，要在抓好"肉膘"的基础上抓好"油膘"。膘情差的在抓好"肉膘"的同时也要抓好"油膘"，要"肉膘""油膘"同抓。在干旱年份因夏季牧草生长不好，产草量低，大部分骆驼采食青草不足，体况恢复慢。因此，用多种方法抓好膘是秋季放牧管理的首要任务。

（2）秋季骆驼放牧方式　秋季放牧管理形式多种多样，主要是打野放牧、散牧、集中放牧。

打野放牧是在牧养骆驼地区夏末秋初将骆驼放牧到草场上，不饮水、不看管、不加人为影响，在青草干枯后，再集中劳动力将骆驼收拢集中管理的放牧形式。打野放牧充分发挥了骆驼善游走、知水源、食量大、秋季喝水少、合群性差、单独或结伴远游的特点。充分利用边远草场、沙漠草场、无水草场、零星小片草场，达到抓膘、保护冬场的目的。

（四）骆驼冬季放牧管理

1. 冬季放牧特点

（1）冬季草场特点　降水量充足，秋季骆驼大量采食一年生牧草，多年生的灌木、半灌木、小半灌木被保护。未被利用的一年生干枯牧草存留较多，草场覆盖度较大，此阶段是枯草期的最好牧草期。一般年景是冬季前期草场较好，后期草场逐渐变差，细枝茎叶减少，所剩均为粗枝老茎，而且数量减少。

（2）冬季气候特点　气温进一步降低，冷空气活动频繁。冬至后是一年中最冷的时节，风沙天气较多。

（3）冬季骆驼特点　骆驼经过青草期储存了大量脂肪，绒毛密集生长。青草期那种心神不定的特点消失。表现安静、不乱跑、饮水量减少等。这一时期是放牧管理中最省心的时期。

2. 冬季放牧管理目的　冬季放牧管理的目的是要充分利用地形、牧草、饮水等有利条件，防止骆驼掉膘或减缓掉膘速度。冬季后期要抓紧时间搞好配种工作，缩短配种期，提高受胎率。

3. 冬季放牧注意事项 冬季要注意保膘，在放牧管理中首先要固定冬场。利用散牧或集中放牧的方法，充分利用较复杂的多种地形、无水草场和边远的草场。注意留有和保护接羔草场，延长放牧时间，保证饮足水。对乏弱骆驼要提早补料，防止春季过度乏弱。提早补喂种公驼，保证种公驼有充足的体力和良好的配种体况。

（1）固定冬场的优点 固定冬场就是固定骆驼群的冬季放牧地。冬场一经固定后就不要轻易变更，因为骆驼在一生的放牧采食生活中对故地是很留恋的，它喜欢在旧居放牧地草场自由自在地采食牧草和饮水。固定冬场可以减少骆驼丢失，缓解寻找骆驼所造成的人力和物力浪费。这是一种既有利于加强放牧管理，又有利于保膘的简易的好方法。

（2）固定冬场的放牧方式 冬场长年固定的畜群，一般均采用散牧方法。散牧方法有两种，一种是定向散牧；另一种是自由散牧。定向散牧就是将饮完水的骆驼有计划地赶到草场某一个方向去采食。例如，刚入冬可将骆驼赶向一年生牧草多的地方去采食，因为不及早采食利用干枯的一年生牧草，它就会被大风刮走，造成损失。风大而寒冷的天气可将骆驼赶向有挡风障碍的山丘等处采食，以达到有计划地利用草场和有计划地保护草场的目的。骆驼在该期的采食特点是先采食优良牧草，所以对那些有优良牧草的草场可优先利用。自由散牧是在骆驼饮完水后，让其自由分散到牧场采食。

散牧的骆驼，夜间各自在放牧草场选择休息地，很少回到场地休息，采食时间受饥饱和气候的影响较大。散牧时因放牧员不跟群，不清除驼圈，可以节约劳力，保证骆驼有充足的自由采食时间，能够吃饱草吃好草。

（3）集中放牧管理的优点和注意事项 集中放牧管理方法是早晨将骆驼赶到放牧草场跟群放牧，夜间赶回驼圈休息。此种放牧方法对放牧员来说比较辛苦，但却可以有计划地充分利用草场。如果骆驼冬季前期膘情好，放牧中可先远后近，先高后低，先山地后平原。因为天气冷，骆驼消耗能量多，食量大，可先大片后小片。在天气骤变的情况下，可先利用山地、低洼地、丘陵等处的牧草，而把一些平坦的放牧草场留作春季利用。冬季骆驼因采食量大，在驼圈休息时会排出大量粪和尿，要及时清除和翻晒，防止结冰和粪堆积而影响骆驼休息或造成滑倒等事故。

（4）冬季放牧要延长放牧时间 延长采食时间是冬季放牧管理中的一条重要经验，但一般均被忽视。多数人认为，入冬骆驼经过秋季抓膘，膘情较好，就算干旱缺草，也不会立即乏弱。认为过冬没问题，从而忽视了骆驼的采食时间，过分强调早晨骆驼怕冷，不愿起来吃草。在这种思想指导下，日出很久后才出牧，太阳落山就将骆驼收回，骆驼1d的采食时间只有5h。这种慢性饥饿的采食方法是造成骆驼乏弱的重要原因。冬季牧草枯黄，营养价值低。由于气候寒冷，骆驼代谢水平提高，为了保证不消耗原机体的储存能量，骆驼每天摄取的牧草要保证自身的运动采食能量、加热饮水能量、抵御寒冷的能量消耗等。如果消耗能量大于摄取能量，势必就要消耗储存能量，导致骆驼掉膘。如果摄取的能量等于消耗能量，就能达到保膘目的。所以达到保膘的首要条件就是饱食枯黄牧草。

延长放牧时间就是提前出牧时间和延迟归牧时间。早晨要保证 7：00 出牧，夜间骆驼停止采食后驱赶归牧。一般的情况是早晨天寒，骆驼表现为缩腰紧尾卧地不起，如果经常性的迟出牧，骆驼就会养成懒惰的习惯，天天等候放牧员驱赶出牧。而经常早出牧的骆驼，早晨则不惧天寒按时出牧。所以牧民有"人懒骆驼懒，人勤骆驼勤"的放牧经验。骆驼全身绒毛密布，除特大风沙天气外，骆驼都不惧怕寒冷，不会影响其采食。在湖盆地区，冬季早晨往往有霜，等霜消失后就可放牧。吃霜草会增加体热的消耗，同时因为霜草温度低，采食后会对胃产生刺激作用，易造成消化功能紊乱，使骆驼乏弱。早出晚归的放牧方法是保证骆驼充分利用白天采食的保膘方法。

（5）冬季放牧饮水　饮足水是冬季保膘的一条重要措施。冬季是骆驼一年中需要水最少的季节，隔日饮水即可满足骆驼对水的需要。由于这个时期对水的需求减少，往往会忽视饮水，使骆驼处在慢性缺水的状态，影响骆驼的食欲，从而使骆驼采食量减少。由于缺乏水，没有充足的水参与体内营养物质的消化吸收，机体势必氧化体内营养物质产生水以供需要，这种情况易造成提早乏弱。所以要重视冬季骆驼的饮水管理。但是根据对骆驼耐寒性能的初步观测，骆驼隔日饮水量平均在 70kg 左右。机体加热如此多的低温水，要消耗大量的热能，使体温暂时下降。为了维持正常体温，机体必须采用物理、化学方法增加机体产热量，包括肌肉发抖、氧化体内储存脂肪、加强甲状腺和肾上腺等内分泌腺的分泌强度等。冬季骆驼应提倡 1d 饮水 1 次的饮水方法，以减少 1 次饮水量，减少 1 次性热能大量消耗。

骆驼饮水时间以上午或中午为好，这样可以保证骆驼饮水后有充足的运动和采食时间，不会感到过分寒冷。

冬季骆驼饮水要注意水温，要饮井水，切勿饮涝坝水、结冰水。因为经常饮用 0℃ 的涝坝水或结冰水，会大量增加饮水的能量消耗。井水的温度介于 7～8℃，涝坝水和结冰水的温度在 0℃ 左右，饮用大量的涝坝水或结冰水并使其由 0℃ 提高到机体温度，比由井水水温 7～8℃ 提高到机体温度，每克水多消耗热量 7～8cal。因此，骆驼大量饮用涝坝水或结冰水要多消耗很多热能。经计算，1 峰骆驼饮用涝坝水或结冰水，比饮用井水一次多消耗的热量相当于对 600g 玉米的消化能。因此，长期饮用涝坝水或结冰水会增加热能消耗，造成慢性乏弱。同时，饮用过冷的水，由于寒冷的刺激骆驼很难喝足。所以，不注意冬季的饮水温度将造成骆驼慢性缺水，增加热能消耗，促进骆驼乏弱。

（6）冬季放牧要及时补喂乏弱骆驼　牧草枯黄后，要对骆驼进行膘情过冬检查，给乏弱的骆驼及早补料。骆驼乏弱严重后再补料往往会造成损失，所以"早喂喂在腿，迟喂喂在嘴"的经验是有一定道理的。

第四节　通场移牧饲养

阿拉善的游牧方式主要有 3 种，分别是"敖特尔"、季节性转场放牧和通场移牧。

一、"敖特尔"

"敖特尔"是移走的临时牧场的意思，也就是按雨水、牧草生长情况合理安排放牧强度。一般是在春、夏、秋三季（以春、夏两季居多）走"敖特尔"，在大面积草原干旱（因缺水青草长势不好）的时候，某一地方阵雨过后，7d 或 15d 后牧民们会去下过雨的地方看草的长势，当人们觉得那儿的草长起来了，能够承载一定量牲畜的时候，周边几千米或十几千米的牧民们带上帐篷赶着牲畜搬迁过去，进行相对集中放牧。等到普遍下雨、牧草长起来后再搬回各自的家。如果不下普雨，等到这个地方下的雨对牧草生长没有作用后搬回各自的家，进行相对分散放牧。这种游牧方式在草场承包到户前被广泛应用，而承包到户以后只有草场承包到组的地方还适用。所谓组是指大片草场归几户或十几户人家共用。

二、季节性转场放牧

季节性转场放牧，是指根据气候的变化对牲畜放牧营地（营盘）进行季节性的更换。由于不同的放牧营地，其自然气候环境、地形和地势、水源、牧草营养等条件不同，使得牧草的类型和生长发育状况也会有明显差异。因此，为了合理利用草场资源和满足牲畜对各种营养的需求，使牲畜在全年不同季节、不同草场上放牧。在阿拉善的传统游牧活动中，一般每年从春末或夏初开始都要进行牲畜转场。这种转场，在一些草场面积大、地形、气候、植被条件差异较大的地方，一年要进行 3～4 次，称为三季或四季营地（四季草场）。而在一些草场面积小、地势平坦、气候、植被条件差异较小的地方，一年只进行 2 次，即冬春为一营地，夏秋为一营地。冬春营地称为冷季草场，夏秋营地称为暖季草场。四季营地以冬、春季营地为主，而夏、秋营地利用时间较短，属于过渡性营地。也有些地方一年要进行 3 次转场，即冬春为一营地，夏、秋各为一营地。两季营地的冷季草场利用时间长于暖季草场。暖季草场一般选择在海拔较高的高山、阴坡、岗地或台地、离水源相对较远、禾本科或一年生草本植物多的地方。冷季草场多选择在海拔较低的向阳、背风的坡地、谷地或盆地、离水源相对较近、灌木牧草多的地方。距离一般几千米或几十千米。

三、通场移牧

通场移牧是干旱荒漠草场发展牲畜养殖业的一种手段。这里所研究的通场移牧是骆驼到较远的外旗县或外省的一种放牧手段。

干旱荒漠草场十年九旱，牧民有较丰富的抗旱通场移牧经验，即使在连年旱灾年景也能保证骆驼数量稳定上升。因此，总结和推广通场移牧经验，对骆驼的繁育有积极作用。

（一）通场移牧骆驼的选择

根据通往地点的草场、水源、交通条件等因素，通场移牧的骆驼群，既要安排乏弱骆驼，又要安排一些膘情较好的骆驼。膘情较好的骆驼到远一些的草场，乏弱骆驼到近一些的草场。

（二）通场移牧时间

通场移牧骆驼应在秋末开始行动或是到达目的地。较早到达目的地可以使人畜尽早适应气候、水井、草场、地形条件等。天冷前人们便于活动、选择住房地点、准备冬季燃料、修筑简单的圈棚等。到达的草场较好的情况下可以继续抓膘。母驼群应该早些，去势驼群可适当晚些。通场移牧时间在秋末，天气较暖，途中边走边放牧，遇到好草可短期放牧，以减少骆驼的乏弱损失。这种边放边走的方法有利于乏弱骆驼，是通场移牧的好经验。

天气转冷限制了人们的活动，人们在通场移牧途中为及早到达目的地，势必过快地驱赶骆驼，使骆驼吃不饱、喝不足，造成损失和掉膘。尤其是使乏弱的骆驼加速掉膘，甚至卧地不起。到目的地后由于天寒地冻，急需安置人的住宿和解决燃料等问题，开始的数天，对骆驼的放牧管理往往被忽视。在多种因素综合影响下，对乏弱骆驼保膘不利。所以通场移牧时间应根据所到之地的远近决定，一般在上冻前到达目的地为好。

（三）通场移牧注意事项

通场移牧途中管理好骆驼的首要条件是熟悉路途情况，如有几条道路、路途草场情况、水源水质情况等。

骆驼在通场移牧途中行走要慢，应边放牧边赶路。如遇到好草场可休息数天，让骆驼充分采食以消除路途疲劳。通过无草地区要让骆驼在前 1d 吃好，路经无水草场要让骆驼在前 1d 喝足水，水质极差的草场应减少停留时间。

（四）通场移牧途中的驱赶速度

通场移牧途中的驱赶速度应根据膘情和牧草的生长情况、饮水点的距离来决定。牧草和水质条件较好的地段可慢些，牧草和水质较差的地段可快些。通场移牧途中不能过久停留，以免影响到达目的地的时间。途中要防止骆驼丢失，晚间对那些善跑不合群的骆驼要互相绊着或是单独拴系，以防止夜深人静时走失，造成路途寻找丢失骆驼而停留时间过久。

通场移牧地点的选择要素：放牧草场的面积、牧草的质量、地形、水质、水量和距离等。

（五）放牧草场的选择

放牧草场选择时要选面积较大的草场，并且有备用草场。牧草质量较好，覆盖度较大，而且必须是骆驼习惯采食的牧草。通场移牧骆驼放牧的地形要平坦或是高低起伏不大。起伏过大或坡度过大的地形不适合乏弱骆驼的放牧，因为不断地爬坡会增加体力消耗，使通场移牧的乏弱骆驼掉膘。

（六）饮水的选择

一般情况下，对饮水质量没什么选择的必要，但对通场移牧的乏弱骆驼，则必须对水质、水量、饮水点距离进行详细调查和测量。过分咸苦的水易引起骆驼腹泻，造成乏弱。水量要大，起码能满足1次的饮水量需要。水源不应该是结冰水和涝坝水，因为此类水温度低，会增加机体的热量消耗，形成慢性乏弱，而且喝不足水，经常处于缺水状态也极易乏弱。水井距离驼群不应过远，过远使骆驼长途跋涉而消耗体力。所以在选择水源上应慎重考虑；否则，达不到通场移牧的目的。

（七）通场移牧地点的选择

通场移牧地点的选择以草为主，兼顾水和地形。如果地形不好，可以考虑调换膘情较好的骆驼，利用骆驼的膘情优势采食地形复杂处的较好的牧草。

（八）通场移牧骆驼返回时间

通场移牧骆驼返回时间由多种因素决定，如目的地草场情况、家乡草场情况、骆驼的膘情等因素。一般返回的时间在翌年夏末秋初，这时家乡草场的牧草在降水后生长茂盛。如果通场移牧骆驼较乏弱，经过小通场待膘情转好后再返回。

第五节 育成驼的放牧饲养

一、育成驼及特点

育成驼一般是指断奶后至第1次产羔前的小母驼或开始配种前的小公驼。育成驼由于没有产羔和配种，它们的饲养管理往往容易被忽视。其实育成驼的饲养非常重要。因为育成驼阶段是个体定型期，身体各组织器官都在迅速地生长发育，饲养管理的好坏直接关系到日后的体型及生产性能。

育成驼合群性强，很少个别乱跑，放牧或驱赶时表现为扎堆采食或行走，互相咬压、追逐、玩耍，互相爬跨，易乏弱。育成驼要在夏秋季抓好膘，在冬春季保好膘，减少乏弱损失。为了有利于今后的牵拉、骑乘、驮运、配种、产羔等，给养驼生产提供驯服的役驼、繁殖母驼、种公驼，要定期调教。

二、育成驼饲养注意事项

骆驼驼羔4月龄以后就可逐步采食青草，此时消化器官逐渐增大，对粗饲料的利用能力逐渐提高，但直到断奶时其消化器官仍未发育完全，消化能力有限。为了促进育成驼的生长发育，提高瘤胃的消化功能，可对1～2周岁的育成驼进行补饲（每天1～2kg青草、青干草及混合精饲料、20g食盐）。这样既能刺激前胃的发育，又能满足育成驼生长发育对营养的需要。

断奶后的育成公、母驼要分开饲养，同时分群放牧，以防乱交早配，影响母驼的健康和驼羔的发育。留作种用的公驼应给予良好的饲养管理，使它得到充分发育。由于公驼比母驼生长快，需要的营养多，所以最好单独饲养。

（一）育成公驼的组群形式

育成公驼群的组织形式有两种，一种为单独组群；另一种是与去势驼混合组群。单独组群以60～80峰为理想规模，与去势驼混合组群时，育成驼约占总峰数的50%。育成公驼单独组群时要放入3～5峰善游走又识途的老去势驼，带领分散采食。放牧管理的目的是保证分散采食，减少打架、追逐，防止丢失，促使它们吃饱草、饮足水。

（二）育成母驼的组群形式

育成母驼一般不单独组群，一般留群与母驼混合放牧。

（三）母驼配种时间

2周岁以后，骆驼性器官和第二性征逐渐发育成熟，外形上逐步表现出两性特征，对粗饲料有较高的利用能力。母驼初情期开始的年龄一般为3周岁，但因本身尚未达到体成熟，过早妊娠会使自身及胎儿的发育受到影响，因此开始配种的年龄应为4～5周岁，但在公、母驼混群放牧时，也可见母驼3周岁产羔。所以，具体可根据母驼的生长发育情况而定。

（四）育成母驼饲养

3周岁后的育成母驼在饲养上既不宜饲喂过多的精饲料，致使过度肥胖，又不可喂得过少，使其生长发育受阻，影响生产性能的提高。因此，在这个阶段，无论是在冬春季，还是夏秋季，都应将育成母驼与带羔母驼放入同群放牧。进入冬春季，天冷草枯，营养下降，应给予它们苜蓿干草、麦草、谷草等草料，同时补喂少量加盐的泡软精饲料，如玉米、高粱等谷实类。在夏秋两季应将它们安排在离水源较近的较好的牧场。

（五）穿鼻

种用小公驼和役用驼，满2周岁后，应行穿鼻，戴上鼻棍。鼻棍可因地制宜地选用红柳或霸王枝条制作。先将红柳棍削成长24cm、两头粗细不一的鼻棍，粗端直径为1.5～1.6cm，附元宝形鼻板呈"T"形，细端要尖锐，距尖端7～8cm处，刻有圆形卡槽，便于鼻环（锁扣）锁住缰绳，防止缰绳脱落（图4-3）。

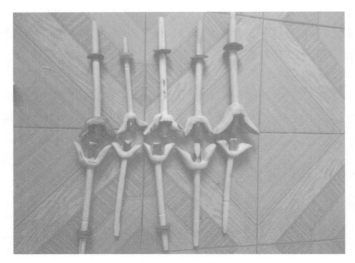

图 4-3　驼鼻棍

　　穿鼻的时间一般应在每年 10 月以后或翌年开春以前进行。首先在距骆驼鼻孔上缘正中 1cm 处（此处有的为一小旋毛），用木质、骨质或金属做的锥子（图 4-4）穿 1 个贯通左右的创孔，然后插入事先做好的鼻棍。创孔的位置要适中，如果过前则易将鼻孔拉破，过后则因神经分布较少，不便于控制。最后在尖端小槽处套上用塑料或牛皮制作的直径 3～4cm 铜钱样的鼻棍环，鼻棍环的内侧拴系缰绳。刚开始穿鼻的骆驼，应戴上笼头牵引，少拉鼻绳，以防拉坏鼻孔。

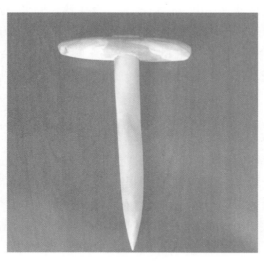

图 4-4　驼穿鼻锥子

第六节　种公驼的放牧饲养

　　应选有经验的并熟悉种公驼特性的放牧员专门管理种公驼。要切实做好夏秋季的放牧抓膘工作和繁殖季节的饲养管理工作，使骆驼在整个配种期内身强体壮、精力充沛、性活动旺盛、精液品质良好。

一、种公驼发情表现

发情和配种时期种公驼的性情比平时粗猛得多。主要表现为：追逐母驼，与其他公驼为争夺配偶而互相对抗殴斗；当性欲冲动时，口吐白沫、磨牙、喉内发出"嘟嘟"声；张大嘴，甚至造成下颌关节脱臼；颈腺分泌出大量宝克［宝克是公驼发情时由枕腺分泌的一种浅棕色或琥珀色具有恶臭气味的黏稠液体，也有人将公驼的这种分泌物称为枕腺分泌物或颈腺分泌物］。"宝克"（Bokhi）是蒙古文的音译。宝克只有公驼发情时才分泌，公驼枕腺平时处于休眠状态，没有任何分泌物，通常一个驼群里只有1～2峰公驼，公驼的数量极少，所以对于宝克的研究并非一件易事］；常喜在墙角圈边摩擦，在沙砾或不洁地面打滚，或频打水鞭，致使损伤身体。在这个时期，饲养员应注意管理。接近种公驼时要轻拉缰绳，亲切抚摸；否则，易产生咬人、踢人及喷吐草沫等恶癖；并须给发情旺盛的公驼戴上不妨碍采食、饮水的咀笼，使其不能过度张大嘴巴，而造成下颌关节脱臼或咬伤人畜；尾毛也要用细绳子拴在后峰上，防止打水鞭，而使后躯被毛冻结成冰。

二、种公驼饲养注意事项

种公驼发情时最有效的管制方法是把缰绳缩短67～100cm，拴在左前肢管骨上，使其既不能抬头打架，又不能追逐母驼乱爬跨乱交配，以便控制配种次数和配种时间。

种公驼不宜长久拴系在圈内，要放养到空气新鲜、阳光充足的场所，并给予适当的运动。如果每天不给种公驼活动时间，总是坐卧不动，这样会使种公驼精液品质下降。以劳役代替运动是最好的方法，能增强体质和提高配种能力。种公驼每天上午须运动2～3h，给以拉车或驮载100～200kg重的短途运输，里程5km左右。还须延长放牧时间。驼体清洁也很重要，每天须用软草刷拭。

成年公驼每天交配不得超过2次，青年公驼最好每周配种1次。饮水喂料之后2h内不宜配种。交配之后，要让公、母驼好好休息。如公驼连日配种，应隔2～3d休息1d。归牧后，公、母驼要分开管理。4月初配种结束后编入去势驼群放牧，并进行收毛管理。

第七节　乏弱骆驼放牧饲养

一、骆驼乏弱的原因

（一）人为因素

人为因素是造成骆驼乏弱的很重要因素，一般新组织的骆驼群和更换放牧员的骆驼群容易乏弱。新群骆驼由于留恋原来的放牧地，容易丢失，寻找多次丢失的骆驼时对其驱赶较快，日久造成体力过分消耗。新放牧员不了解该群骆驼的特点和放牧路线，为了防止骆驼丢失，放牧员跟群密集驱赶放牧，而散牧的机会少。放牧时过分密集，骆驼采食受到限制，影响了食欲。放牧员不了解各峰骆驼的脾性，晚间拴系多。另外，放牧员性情懒惰，不按时让骆驼饮水，导致骆驼长期饮水不足。骆驼过早的打野散牧、枯草期长时间的缺水、不重视秋季抓膘、不重视保护冬场、冬季长期饮用过冷和结冰的水，过久地吃雪解渴。役用走得快、距离长、驮得重、时间长，形成过役性损伤乏弱。膘情差的骆驼加重使役等均是造成骆驼乏弱的原因。

（二）自然因素

草场干旱是骆驼乏弱的主要因素。牧场返青迟，延长了乏弱期。夏秋牧场受旱，影响抓膘。冬场没有草，骆驼饥饿。灾害性天气，如大雨、寒流，使骆驼受冻乏弱等。这些均能导致骆驼乏弱。

（三）疫病因素

骆驼患病是造成乏弱的重要原因。如慢性消化功能紊乱、肝病、内寄生虫病、外寄生虫病、慢性肾病、跛行等易引起骆驼慢性营养消耗而造成乏弱。

二、乏弱骆驼特点

乏弱骆驼多数是产羔 2 年的母驼、产羔 1 年的母驼、1 周岁驼羔及老龄骆驼。这些骆驼数量大，不易淘汰。乏弱骆驼一般五成膘以下、精神萎靡、行走缓慢、采食能力减弱；远距离行走困难、饮水后卧下再站立时困难；休息一夜四肢麻木、早晨站立困难；放收中常见卧下或躺卧；采食牧草和行走过程中因软弱无力掉进沟坑；补饲精饲料常表现为不喜食、肚子瘪小；绒毛短、稀，怕冷等。

三、乏弱骆驼的放牧管理

1. 乏弱骆驼的放牧关键　乏弱骆驼多集中在冬春两季出现。根据乏弱骆驼的多种特点，放牧管理的关键是延长放牧时间、饮足水、跟群放牧。加强晚间及饮水过程和饮水以后的特别护理，使骆驼顺利进入青草期。乏弱骆驼在严寒季节要穿防寒衣，即在肩、背、腰、尻等部位罩上破旧毡片等防寒用品，以减少体热散失。

2. 乏弱骆驼驼群的选择　放牧管理尽量少分群和不分群。如果乏弱骆驼单独放牧或是数峰组成小群放牧，由于脱离了大群的采食影响，卧地和站立时间长，采食时间短，会使乏弱加重。因此，组群以较多峰数为宜，这样可以刺激食欲，有利于乏弱骆驼的放牧管理。

3. 乏弱骆驼放牧草场的选择　乏弱骆驼的放牧草场要平坦，因为沟、坑、山丘多的放牧地不利于乏弱骆驼的行走和放牧采食。放牧要早出，增加采食时间。天黑时要及早归牧，归牧时间不能过晚，以免影响乏弱骆驼的正常行走，掉进沟、坑和坡下。归牧后要选择休息地、补饲并进行其他方面的护理。

乏弱骆驼因体况较差，不适宜远距离放牧。让强弱混杂采食，以提高乏弱骆驼的食欲。但在骆驼乏弱强壮混合放牧的过程中，要制止强壮骆驼采食远游，归牧途中要慢慢驱赶，下坡过沟要高声呼喊警告，防止急跑摔倒。回到宿营地安排卧下的地方，一般是头朝下坡，坡度要小，便于翌日站立。没有坡度时要卧在平软的地方。为了防止夜间躺卧造成死亡，对易躺卧的骆驼，要在胸腹两侧堆放东西，防止躺卧。

4. 乏弱骆驼延长采食时间的方法 早出牧是延长采食时间的重要方法，即使天气寒冷也要坚持早出牧，以养成适应寒冷气候条件的采食习惯。寒冷天气如果不及时出牧，乏弱骆驼变得怕冷不采食，驱赶起来还会再卧下，同时由于受冻肌肉发僵站立困难不愿起来采食，最终影响保膘效果。

5. 乏弱骆驼站立困难时人工扶助方法 乏弱骆驼如乏弱状况继续发展，站立困难时，开始一人提起尾巴就可站立，以后如继续乏弱，则须抬一侧后肢、抬两侧后肢，直至抬四肢方可站立，最终将失去站立的能力。乏弱骆驼失去自行站立能力时要定期抬起其四肢活动，以防形成卧疮。抬一侧后肢时，工作人员两腿下蹲，两手从前后伸入大腿内侧，五指交叉扣紧，向上提，勿向一侧推，以防止骆驼跌倒。抬两侧后肢时插入手的方法同前，靠腹侧的肩部抵着驼体，两人由两侧同时用力抬起后肢，这样骆驼两前肢可自行站立。四肢站立不起抬后肢的方法同前，抬前肢的方法同后肢，当后肢抬起时，再用力抬前肢就可抬起，由于骆驼前躯重量大，抬时用力大的人要在前边。当骆驼全身抬起后两侧应有人扶助以防止跌倒，骆驼站稳后可放开手让骆驼自己行走。个别骆驼初站立时步态不稳，两侧应有人保护，协助其走一段距离，自身能行走时人再离开。抬起的骆驼要防止跌倒，跌倒的骆驼由于害怕，抬起后往往不主动站立，影响活动和采食，因此要加强抬起后的护理。

6. 乏弱骆驼饮水注意事项 禁止乏弱骆驼饮用过度咸苦的井水，寒冷季节防止饮用结冰水、涝坝水、雪水，因饮用此类水后易加速乏弱。饮水过程中要加强护理，注意安全。要防止饮水时因拥挤而摔倒，造成一倒不起或骨折，或是饮完后因体重增加、支持力降低，不择卧场卧下造成站立困难。饮足水的乏弱骆驼要选择有利地形迫其卧下，以利于其抬起和自行站立，饮足水后要慢慢驱赶，过快骆驼易卧下。

四、乏弱骆驼的补饲

补饲是保护乏弱骆驼的重要手段。补饲是补给骆驼能量饲料，即作物茎秆和青干草。合理的补饲对提高乏弱骆驼的存活率有重要作用。

能量饲料就是我们常说的谷实类饲料及精饲料，其在动物营养成分中不可或缺。我们必须了解能量饲料的营养成分、各种饲料的特点和补喂方法，以达到合理补喂的目的。

能量饲料的补喂时间和数量要合理，3 周岁以上骆驼补喂量一般标准是 3kg/d，1 周岁 2kg/d，1 周岁 0.5kg。对乏弱骆驼补饲的目的是给予营养消耗补助，防止继续乏弱。过量补喂精饲料会导致消化不良和浪费，所以只有补饲量合理，才能达到补饲目的。

骆驼瘤胃中有大量微生物和纤毛虫。据测定，每克瘤胃内容物中约有 400 万个纤毛原虫，可将瘤胃中的饲料蛋白质大部分转化为细菌蛋白质进行消化。瘤胃中的纤毛虫需要有多糖、淀粉和纤维素作为碳源，含氮物质作为氮源，以供生存繁殖之用。当碳源和氮源供给充足时，纤毛虫的数量增多，可以把植物性蛋白质转变为自身的体蛋白，即变为动物性蛋白质，这一点是与细菌不同的。例如，仅用小麦秸秆喂绵羊，每毫升绵羊瘤胃液中含有 10 万个纤毛虫，加喂含蛋白质较多的苜蓿干草时，则每毫升瘤胃液中纤毛原虫数量增加到 20 万～50 万个，如再加喂玉米粉，纤毛虫的数量可增加到 200 万个。据测定，绵羊瘤胃内容物的氮素含量中有 10%～20%属于纤毛原虫。这些纤毛原虫在消化过程中，进入瓣胃时，已被分解，随时被消化，为动物机体所吸收。纤毛原虫的活动改善了饲料蛋白质的营养价值。在高蛋白质饲料中加入玉米粉可提高消化率，改善饲料的蛋白质价值，降低饲料成本。

喂料时间以晚间为好，这样喂料后经过连续反刍将饲料粉碎，可增强适口性，提高饲料转化率。早晨喂料会降低食欲，影响当天牧草的采食量。饲料要粉碎，并用温水浸泡，如果青稞、大麦、玉米等不粉碎，会影响饲料转化率。用温水浸泡会使饲料松软、芳香味浓厚、刺激食欲、增加适口性、提高消化吸收能力。骆驼的补饲饲料有青稞、大麦、豌豆、玉米、高粱等。

第八节　母驼的放牧饲养

骆驼繁殖群系一般由繁殖母驼、青年母驼、驼羔以及种公驼组成。为了加强管理和便于挤奶，繁殖群系又分为妊娠母驼群（宝川母驼群）和带羔母驼群，青年母驼和空怀母驼一般跟随妊娠母驼群出牧采食。

一、妊娠母驼的放牧饲养

骆驼的妊娠期较其他家畜长，平均为 402d，怀公羔的妊娠期一般比怀母羔的妊娠期长 4～5d。母驼妊娠后食欲剧增，代谢加强，带羔的妊娠母驼不仅要负担胚胎的需要，还要哺乳上年所产的驼羔，因此应将妊娠母驼安排在牧草生长茂盛、草质优良的草场上放牧，以供给充足的营养。目前，我国骆驼的饲养大都以放牧为主，一般不补饲，但也有半放牧半舍饲或全舍饲的地方，像在新疆维吾尔自治区、内蒙古自治区部分草牧场雨水不好或给骆驼挤奶的地方，也给予一定量的精饲料，一般多的补饲7～8kg/d，少的补饲 1～3kg/d，也有的仅给瘦弱母驼灌服少量米汤、面汤或淘米水等。

（一）妊娠早期母驼的放牧饲养

对于母驼是否妊娠应进行及早诊断，凡是确诊为受孕的母驼，都应细心护理，特别是4～5岁的青年母驼，常因活泼好动，较易流产。母驼妊娠后，除了食欲、膘情等与其他妊娠母畜变化相同外，而且新换出的被毛、嗉毛及肘毛，比空怀母驼长得快。阴门（有时包括肛门）周围生出光洁的短毛，与四周的长毛之间形成明显的界限，呈竖椭圆形，将阴门包围在内，据此现象进行妊娠诊断准确性较高。

妊娠驼和妊娠马一样，容易流产，尤其在妊娠的前六七个月，往往由于惊吓、猛赶、拥挤、猛力打击头部和腹部、公驼的爬跨、异常的声音、役后立即吃细枝盐爪爪、脱毛后受暴风雨刺激、冬季空腹大量饮水等的刺激，引起子宫强烈收缩，发生流产。为此，要做好保胎工作。母驼自受胎后，随着上一年的哺乳和挤奶，泌乳期继续延长，泌乳量逐月减少，至一定时间自然断奶。妊娠母驼泌乳期的饲养管理工作极为重要，其影响胎儿的发育及下一胎的产奶量。此时，要使母驼充分休息，增进体力。妊娠2个月后要适当减轻劳役，泌乳驼应在妊娠3个月后停止挤奶，并在4～5个月时做好断奶准备。

（二）妊娠中期的放牧管理

妊娠中期，因环境和天气变化的不确定性，也要做好妊娠母驼的放牧管理。哺乳母驼驼羔断奶后，大部分继续跟随母驼采食，这有利于放牧管理，因此放牧管理中要充分利用母仔相随的特点，用散牧的方法让其自由采食。春季要停止挤奶，禁止拴系，保证驼羔自由采食和供给充足的饮水，使该期肌肉得到填充，抓好春膘。

1. 青草期的放牧管理　在春季抓好"水膘"的基础上，青草期是抓"肉膘""油膘"的关键时期。该期要充分利用打野散牧、集中放牧等多种方法，使骆驼有较大的采食自由。夏季要保证有充足的饮水，秋凉后在"底草"丰厚和结籽多的牧草草场上放牧，让妊娠母驼采食高质量牧草。母驼妊娠期采食量增加，是有利的抓膘时期。夏秋季在正常的草场情况下，结合母驼的生理特点，经合理的放牧管理，均能使母驼体内储存大量体脂。干旱年份秋季牧草生长差，妊娠母驼采食的牧草营养不能满足胎儿生长发育的需要，母驼乏弱，极易流产，应引起充分注意。

2. 枯草期的放牧管理　该期以保膘、保胎为重点。保膘是保胎的重要基础，在枯草期首先要保证妊娠母驼吃饱草、喝足水、避免使役，以减缓掉膘速度。放牧管理中防止密集驱赶，禁止打击腹部，禁止在冰滩上采食，以防腹部过度紧张引起流产及受伤事故。禁止饮用结冰水，防止加速掉膘和受冷刺激引起流产。

冬季对乏弱妊娠母驼要及早补料。及早补喂能量饲料能起到保膘作用，促进胎儿的生长发育，保证母驼分娩后乳汁较充足。饲料补喂要到接青，要防止中途停料。

（三）围产期母驼的放牧饲养

妊娠母驼在围产期要集中管理，禁止使役。早晨放出、晚间收回，夜间拴系，防止跑失。初产母驼在临产时，行动异常，突然离群，自寻产地，应密切关注并严加管理，归牧后可拴系或关入驼圈。分娩时无人照管易因难产损伤母驼和驼羔；寒冷天气驼羔易冻伤或死亡。所以对分娩母驼进行打野散牧是不合理的。此外，应避免在有毒牧草的草场上放牧。

妊娠母驼在天气发生剧烈变化，如寒流、大风等时，多易分娩，应加强该期的管理，临产前要将母驼拴系好，方法是拴住腿或绊住腿。临产母驼的缰绳禁止悬在腿上或拖着，合理的方法是缰绳盘在颈上，这样可防止绞死初生驼羔。

此外，妊娠母驼在整个妊娠期抵抗力均较弱，对雨雪冰冻的耐受能力较弱，所以要避免贼风侵袭。在越冬期间，应将妊娠母驼安排在干燥、通风和清洁卫生的驼圈内，以利于产羔育羔。驼圈内外要勤打扫，随时清除粪便，清洗水槽料袋。还要注意保持驼毛干燥，不能在冰地或泥泞地区放牧。脱毛时期往往气温变化剧烈，在温差较大的地方，剪驼毛时不能一次性剪去全部被毛、肘毛和嗉毛，如遇风雨或冰雹袭击应立即赶回驼圈躲避。冬季饮水点周围要随时刨冰或铺沙，以防滑倒。饮水温度以 $10\sim12℃$ 为宜。每天都要检查驼群健康状况，如发现传染病应立即隔离饲养。妊娠母驼性情比较安静，接近妊娠母驼时要温和，切忌厉声打骂、恫吓、拥挤和暴力冲击。进出驼圈或通过狭窄隘口、陡坡、山凹、水沟、土坎及冰冻潮湿等地区，不要急追猛赶，以免挤坏、跌伤、滑倒、狂奔、跳跃而引起流产。

对妊娠母驼除应根据其体重、产奶量和胚胎发育等方面的需要给予足够的品质好的饲料外，在管理方面，必须做到五勤、六净、七防止。五勤是指勤扫、勤起、勤垫、勤换、勤检查。六净指圈净、场净、水净、料净、驼体净、水槽料袋净。七防止指防止贼风侵袭，防止喝冰水，防止吃霉料、霉草及有毒食物，防止奔跃滑跌，防止拐急弯，防止过重劳役，防止传染性流产病的扩大蔓延。

妊娠母驼的饲养管理的好坏关系着母驼健康、分娩难易、产奶量高低以及胎儿生长发育的好坏等问题，如果保胎工作做得不好，容易造成流产，导致损失。因此，要经常检查并照料妊娠母驼。

二、产羔母驼的放牧饲养

（一）产羔母驼分娩前的准备工作

妊娠母驼分娩大都在 2—4 月，如果同时分娩的妊娠母驼较多，而事前的准备工作又做得不好，就会带来损失，而且我国北方这时的气温还很低，沙漠地区天气不稳定，寒流不时出现。所以要正确掌握妊娠母驼交配和分娩的时期，到了分娩季节，就要根据交配登记，结合实际情况，核对分娩日期表，及时做好分娩前的一切准备工作。检查或修理产房、育羔厩舍和防寒设备，并清除棚圈中的杂草和粪土，进行消毒。产房必须宽敞明亮、干燥通风，房内温度不低于 $7\sim8℃$。铺垫清洁褥草，准备好一切助产必需的器械和药品，如消毒棉、绳线、毛巾、毡片、剪刀、乙醇、碘酒等。

（二）产羔母驼分娩前后的护理

1. 产羔母驼分娩前护理　要随时注意妊娠母驼的行动，察觉有分娩表现时，无论放牧或集中管理，均应给母驼上脚扣，或用粗绳拴系在驼圈附近，使妊娠母驼不能自由行动；否则，妊娠母驼临产腹痛，任意向上坡奔跑，有时可达数十里，无法寻觅，随地分娩，母驼和驼羔均有死亡危险。特别是初产的母驼，往往在分娩前突然离群奔跑，自寻僻静地方产羔，很难找回。归牧后要用绳拴系或关进驼圈，严加管理。阵痛开始，不可扰乱和惊动。同时，把它的尾部、臀部、外阴部和乳房等部位进行消毒，放进产房，准备生产。

2. 产羔母驼分娩后护理　母驼生产后，体力消耗很大，身倦口渴，要用干草擦其全身，促使血液循环，消除疲劳。3～4h后，给以少量的优良干草，使其安静休息。这时管理更须周到。要经常注意清除圈内脏物，防止贼风和冷冻。产后1周内，随时注意母驼的乳房情况和初生驼羔的粪便，观察它们的健康状况。在第1次哺乳前，先用温开水擦洗母驼乳房，并挤掉部分初乳。同时，给驼羔灌服酥油、红糖水，以防消化道疾病的发生。待毛干站立后进行人工辅助哺乳。

产羔母驼应每天饮水1次，在遇到风雪、雨天时，应在乏弱母驼的背上搭盖毡片，以抵御风寒，可不给饮水。产羔后3～4周，可剪去母驼的嗉毛、鬃毛和肘毛。带羔母驼的被毛脱落较其他骆驼迟，收毛时应先收四肢、腹下、颈部和体侧毛，背部毛待到小暑后收掉。产后母驼要完全停止使役，以后也要尽可能不让带羔母驼参加长途运输，以免母驼过度疲劳，影响驼羔发育和健康。产羔母驼群，在天气炎热前，即5月以后，应做好转场工作，天热后就不能再远距离移牧；否则，就会由于母驼留恋旧草场，采食量减少，泌乳量下降，而影响驼羔的生长发育。

3. 驼羔护理　对驼羔的培育，要特别注意从初生到1周岁这一关键时期。尤其在出生后10～15d内，由于体质较弱，体温调节能力较差，并喜卧地睡觉，此期间必须精心管理。卧地要干燥疏松，最好能铺垫垫料，以防受凉腹泻。同时，每天给母驼挤奶，以防驼羔过食，导致消化不良。随着驼羔的生长、哺乳量的增加，挤奶次数应逐渐减少，直到停止。生后半个月训练驼羔吃草，4个月龄时训练饮水。出生1个月以后的驼羔虽可以随母驼出牧，但归牧后仍须拴系。天气炎热时，要把驼羔拴在干燥通风而又阴凉的地方，不许母驼带驼羔远距离游走，以免消耗体力。

（三）泌乳期的放牧管理

1. 泌乳期补饲　驼的母性很强，产后前几天终日守护在驼羔身旁。几天后也始终守羔而不愿远离，不能安心吃草，膘情急剧下降，因此母驼牧场不能离驻地太远，且产羔应准备足够的饲料，予以补饲。每天可补喂优良的豆科和禾本科牧草5～6kg，混合精饲料2～4kg，以及适量的食盐和钙、磷。有条件的地方最好补喂胡萝卜或大麦芽1.5～2kg。

2. 泌乳期挤奶与断奶管理　对泌乳量较高的母驼，则可每天挤奶1～2次，或者将驼羔哺乳后剩余的乳汁全部挤干净，这样有利于提高泌乳量，并防止因驼羔过食引起的消化不良。随着驼羔生长发育速度加快，挤奶次数应逐渐减少，甚至停止。在草质不佳、母驼泌乳量不高时，应先满足驼羔需要，严禁挤奶。

初产母驼，若母性不强，可强行保定后肢，人工辅助驼羔进行哺乳，3～5d后即可让驼羔自行吃奶。

产羔母驼在翌年发情、配种、受胎后，泌乳量逐渐减少。一般妊娠3个月后泌乳量明显下降，5～6个月时更为明显，有的个体甚至停止泌乳，此期正是夏末秋初，牧草生长较茂盛，应做好断奶和分群工作，以保证母驼营养和胚胎的发育。

3. 带羔母驼的放牧管理 带羔母驼的放牧管理可概括如下："冬、春季，选营地背风向阳，草质好，水源近；天热前，需转场，天热后，忌移牧；归牧后，拴驼羔，防远离；风雪天，乏母驼，披盖毡；收毛时，先四肢，后被毛；乳量高，易过食，可挤奶，驼羔大，少挤奶，乳量小，禁挤奶。"

在母驼泌乳期间要注意母驼乳房的护理，定期检查，防止乳腺炎等疾病的发生，以保障母驼正常哺乳。

内蒙古自治区阿拉善盟畜牧研究所（阿拉善盟骆驼科学研究所）于2014年对产羔母驼泌乳曲线做了测定（图4-5）。试验共分3组，试验1组、试验2组和对照组。试验1组补饲玉米，试验2组补饲精饲料补充料，对照组不补饲饲料。发现补饲精饲料补充料的双峰驼产奶量最高。

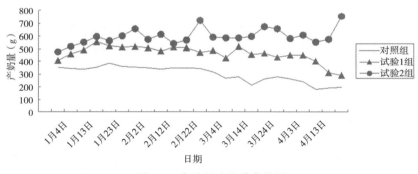

图 4-5　产羔母驼泌乳曲线图

第九节　驼羔的放牧饲养

骆驼驼羔一般是指从出生至2周岁阶段的小骆驼。此阶段的生长发育是骆驼整个生命过程中最为迅速的时期。例如，驼羔在出生第1年的增长最为剧烈，体高可增长45%，体长可增长80%，胸围可增长90%，管围可增长22%。而在生后第1年中，又以第1个月的变化为最大，体高增长了12%，体长增长了16%，胸围增长了30%，管围增长了11%。因此，对驼羔进行科学的饲养管理，是提高驼群品质的重要环节，也是发展养驼业、不断提高驼群生产水平和扩大再生产的基础。所以，加强驼羔的饲养管理很重要。

一、驼羔的生长发育规律

（一）胚胎时

1. 胚胎期　各个主要器官，如肝、肺、肾、心脏以及大脑的分化已经完成。这一时期为胎儿发育的重要时期，其延续时间是从受精卵到第 3 个月末。

2. 胎儿期　在这一时期胎儿发育比较平稳，主要是总量增加，以及出现新的组织器官和被毛等。同时，中枢神经系统开始发育，这一阶段约从第 3 个月末到第 13 个月末。

（二）生后期

1. 初生期　这个时期延续 2 周左右，是驼羔变化最大的时期。在最初 1 周，体温调节机能逐渐发育，在非条件反射的基础上，逐渐形成条件反射。由于胃的结构和分泌机能尚不完善，营养物质主要依靠母乳提供，对饲料尚无利用能力。

2. 驼羔期　从生后第 2 周末到 2 周岁。从第 4 月龄以后，驼羔逐步开始采食青草，消化器官逐渐增大，对粗饲料的利用能力逐渐提高。6 个月内的日平均增重在 0.6kg 左右，而在满周岁时，即能达到成年体高的 84% 和成年体重的 40%，因此驼羔的哺乳期是生后生长发育最迅速的时期。

3. 青年期　2～5 周岁，性器官和第二性征逐渐发育，外形上逐渐表现出两性特征，对粗饲料已有较高的利用能力。若在此阶段连年营养不良，或过早使役，生长发育将会受阻。

（三）驼羔生长发育的一般规律

驼羔生长发育与其他草食家畜的幼畜相比，其规律大同小异。即在胎儿时期，四肢管状骨的生长最强烈，故初生驼羔表现为头大、腿长、躯干短、胸浅、背窄、荐部高。其体高、体长、胸围、管围分别为成年驼的 56.2%～56.8%、40.7%～41.9%、36%～37.5%、64%～66%。出生以后，逐渐转为长度方面的生长占优势，最后才是深度和宽度方面的生长。由此可见，双峰驼从初生至成年的外形变化，普遍都是先长高、后长长，最后才是向宽和深的方向发展。

从驼羔生长速度，特别是生长强度来看，以出生后第 1 年的增长最为剧烈，以 4 项体尺的变化为例，体高可增长 45%、体长可增长 80%、胸围可增长 90% 以上、管围可增长 22%。而在生后第 1 年中，又以第 1 个月的变化为最大，体高增长了 12%，体长增长了 16%，胸围增加了 30%，管围增加了 11%。由此可知驼羔培育极其重要。

二、驼羔的生长发育特点

初生驼羔的组织器官尚未充分发育，对外界不良环境的抵抗力较弱，适应性较弱，皮肤的保护机能较差，神经系统的反应性也不健全。因此，初生驼羔较易受各种不利因素的影响而发生疾病。

初生驼羔的消化系统功能尚不健全。4 月龄以内的驼羔其营养几乎全靠母乳来供给。4 月龄后开始逐渐吃草，消化器官也逐渐变大，但直到 4 月龄以前，都还以吃母乳为主。随着驼羔年龄的增长和采食植物性饲料，胃的发育逐渐趋于健全，其消化能力也随之提高。

驼羔新陈代谢旺盛，生长迅速。驼羔初期代谢旺盛，生长发育速度快。但随着年龄的增长，生长速度逐渐变慢，尤其是到了性成熟期，生长速度很慢。骆驼从初生至成年的外形变化普遍都是先长高后长长，最后才是向宽和深的方向发展。

三、驼羔的饲养

（一）初生驼羔的护理

初生驼羔体重一般为 35～45kg，占母驼活重的 5%～7%，其成熟程度比马驹差，步态不稳、体温调节、酶的活动以及各组织器官的机能也很不健全，一般生活能力较弱，因此必须加强护理。

驼羔生下来后，应先用干净的布或毛巾擦去口、鼻的黏液，以防驼羔吸入，造成呼吸困难，甚至窒息。身上的黏液也要用布擦干，以防受凉感冒。消毒脐带后用棉布包着驼羔胸腹，将其放在铺有干草的地上。如果天气异常寒冷，可将驼羔放入接羔棚中。另外，驼羔出生后脐带未断，应协助断脐。方法是：距肚脐约 10cm 处，用 5% 的碘酊消毒，并用手把脐带中的血液向下滑挤出来，然后在该处用消毒的细绳系好，将脐带扯断，或不用系绳便扯断，在断面再涂擦 5% 的碘酊消毒。

初乳是指母驼分娩后 7d 内所分泌的乳汁。初乳含有驼羔生长发育所必需的蛋白质、能量、矿物元素及维生素和抗体，对驼羔来说不可缺少，初乳对驼羔的生长发育甚至生存具有重要意义。初乳所含营养物质的量随母驼产羔后时间的增加而逐渐下降。因此，为使驼羔能获得较多的营养和发挥初乳的特殊功能，不仅要让驼羔吃到初乳，而且要尽早吃到初乳。一般在出生后 2～3h 进行第 1 次人工辅助哺乳。在哺乳前应洗净母驼的乳房，并挤去最初几滴初乳。为了促进胎粪排出，可在哺乳之前给驼羔灌服 80～120g 蓖麻油或清油。第 1 次哺乳后的 3～4h 进行第 2 次哺乳。以后每天都让母驼给驼羔哺乳 3～4 次。为防止驼羔过食引起消化不良，应对泌乳量较高的母驼在早晚各挤奶 1 次。对于不认羔的初产母驼以及拒绝哺喂寄养羔的保姆驼，可先采取母驼、驼羔互嗅法诱导。方法是：挤出该母驼的少量乳汁涂抹在母驼鼻端和驼羔身上，把母驼的鼻缰绳拴在驼羔身上，使其互相嗅闻，进而熟悉相认。若仍拒哺，可采用强制法。方法是：将母驼的后腿用绳拴在木桩上，然后将母驼向前牵引，这条后腿被悬空吊起，高度以 1.3m 为宜，此时饲养员就可在同侧帮助驼羔喂乳，经过 3～5d 后，母驼就可认羔并接受哺乳。

如果母驼有病或其他原因不能利用初乳，而其他母驼经过强制法仍拒哺时，可用人工奶代替。配方如下：鸡蛋 3～5 个，新鲜鱼肝油 20mL，鲜驼乳（或鲜牛奶）500mL，食盐 10g，充分混合并搅拌均匀，隔水加热至 38℃后喂驼羔。喂驼羔时可用带有橡皮奶头的奶壶饲喂，也可用小桶饲喂。但用小桶饲喂，开始时，可能有的驼羔不会吃，这时应进行人工训练，即用两个手指（要先将手洗净）放入驼羔口内，然后将驼羔嘴巴引入装有奶的小桶内，使驼羔随着吸吮手指而同时吸入人工奶，这样经过几次训练，驼羔便会习惯吃小桶内的奶。但应注意喂奶必须定时、定量、定温。

（二）驼羔的饲养管理和断奶

1. 饲养管理 初生驼羔能行走就可以拴系，用埋设在运动场上的转环长绳，轮流系于前肢。转环绳分两段，中间用转环连接，转环绳下端约长 33cm 一段拴以柴草埋入土中。1 个月以后，可戴上笼头，随同母驼短距离出牧，4 月龄以后进行笼头拴系，这样便于饲养员调教和挤奶工挤奶。

初生驼羔对奶的消化率很高，以后随着月龄的增长，奶的消化率逐渐下降，这说明驼羔体内酶的活动在逐渐发生改变，由适应动物性饲料为主，逐渐转为以适应植物饲料为主，从而适应以后的生存（表 4-1）。

表 4-1　不同月龄驼羔对奶中各种营养物质的消化率（%）

月龄	干物质	灰分	有机物质	蛋白质	脂肪	无氮浸出物	植物纤维素
20～30	98.81	93.92	99.04	99.20	99.42	98.46	60
60～70	87.41	61.99	88.62	91.12	98.69	87.70	60.84
180～190	68.13	54.25	69.71	71.78	79.99	73.27	62.44

哺乳期是骆驼生长发育较关键的时期，发育良好的驼羔在满周岁时，应该完成成年驼体高的 84%，体长的 76%，胸围的 72%，活重应不低于 150kg，驼羔 4 月龄以内的营养几乎全靠母乳供给。4 月龄以后驼羔开始慢慢吃草。16 月龄以前的驼羔都必须吃母乳。挤奶过多对驼羔的生长发育不利，尤其是 6 月龄以前的驼羔。所以，挤奶的次数和量应该随驼羔的生长发育而逐渐减少。

进入冬营地后，可根据草场条件，对不满 1～2 周岁的驼羔，分别给予 1～2kg 混合精饲料和不少于 20g 食盐的补饲。这样才能保证驼羔的基本生长发育。

2. 断奶 驼羔的断奶时间，应视驼羔的生长发育而定，一般在翌年 4—5 月，即驼羔 13～14 月龄时进行。放牧条件下的驼羔一般采取自然断奶法。即让驼羔自由哺乳，不加人为干预，直至母驼因腹内胎儿发育营养需要剧增，完全停止乳汁分泌为止。此法使哺乳期延长，母驼的营养消耗增加，驼羔采食青草量减少，故有些牧民采取母仔隔离断奶法和奶罩断奶法。前者即将母驼拴系于远离驼羔的牧场，使母仔不能相见。后者就是用布罩扎紧母驼的乳房，使驼羔吃不到奶，此种方法要经常检查乳房罩是否有破裂和脱落现象。这两种方法一般需 20d 即可断奶。不应殴打、恐吓、逗弄断奶后的驼羔，但须经常进行背部负重和牵引训练，这样有利于骑乘、调教和夏收毛。

第十节　役用骆驼的放牧饲养

一、役用鞍具

（一）乘用鞍具

乘用鞍具分鞍垫、鞍身、鞍带 3 部分。鞍垫分为峰间垫和背垫两种。先放上峰间垫，然后再盖上背垫；鞍身为圆拱式，安装在两驼峰之间，鞍身两侧有脚蹬（图 4-6）；鞍带为固定鞍垫的胸带。

图 4-6　乘用鞍具

（二）驮用鞍具

我国驮鞍由鞍垫、鞍间垫、鞍架草垫、架杆、鞍索、胸带（肚带）6 部分组成。鞍垫和鞍间垫为薄毡片，紧贴驼体，以防摩擦受伤。鞍架草垫分左右 2 块，由两个装麦秸的麻袋压制缝合而成，长 120cm，宽 70cm，上厚 20cm，下厚 10cm 的两块呈长方形的屉子，各附架杆一根。架杆两端用绳子相互联紧，固定在驼背上。鞍索是将胸带与鞍垫扣在一起的索扣。架杆的中部有一扁长的胸带（肚带），经胸部角质垫后缘，将鞍架草垫扎紧（图 4-7）。

图 4-7　驮用鞍具

（三）挽用鞍具

挽用鞍具用皮带制成，固定于驼体上，这样便于发挥较大的挽力，并能适应各种体型大小不等的双峰驼。这种挽用鞍具由鞍身和鞍带两部分组成。

鞍身，分鞍前部、鞍中部与鞍后部 3 部分，由连接环连起来。鞍带，即胸带、腹带和颈带。鞍身的前部用两层鞣皮和三层毡子制成，长为 105～115cm（视个体、品种的大小而定），宽为 12cm。中部和后部用两层鞣皮和两层毡子制成，长 95～105cm，宽 8cm。连接环靠驼体的一面，应用鞣皮和毡子制成圆形的垫子衬垫着，以免因连接环的移动擦伤双峰驼体躯的皮肤。拖挽时车辆的辕索或犁、耙的套索，就固定在鞍身与胸带之间的连接环上，此连接环在鞍身的左右两侧各 1 个。在颈带、胸带、腹带与鞍身之间，还装有活扣环，可以扣解。

二、控吊

控吊，是短时期节制饮食，变非役用体况（过肥）为役用体况的一种措施。

一般认为，骆驼经过了适当的控吊，就能长时间保持耐役性能，在艰苦环境条件下少掉膘、少生病、不软腿、不长癫（其机制尚待研究），是役用前的一种必要的准备工作。

控吊开始于每年秋季抓膘结束后的 10 月中旬。方法是在每天清晨放牧 30min 左右，即拴系在凉爽处，整天不让喝水，去势驼连续 7～10d，妊娠母驼连续 4～5d，此期骆驼如偷饮水，则须重新开始控吊，或经骑乘使其出汗后继续控吊。达到预定时间后，先让其休息 1d，第 2 天饮足水，随后转入正常的放牧、使役和饮水。

三、役驼的补饲

畜力运输站的骆驼，由于使役重，放牧时间少，主要靠人工喂草喂料。终年放牧的骆驼，在冬春两季，对妊娠母驼、哺乳母驼、幼驼以及种公驼等，也应适当补给草料。

（一）饲料种类及合理搭配

舍饲骆驼所用的饲料，按照饲料的营养价值大体上可分为粗饲料和精饲料两大类：

1. 粗饲料

（1）稿秸和秕糠　如谷草、玉米秸秆、麦草、秕糠等。

（2）干草　如草地干草、苜蓿干草、豌豆蔓等。

（3）根菜及其他　如蔓菁、胡萝卜、马铃薯、锁阳、青贮饲料等。

2. 精饲料

（1）谷类　如大麦、青稞、燕麦、玉米、高粱、黑豆、草籽等。

（2）加工副产品　如胡麻饼、菜籽饼、麦麸等。

（3）矿物质饲料　食盐、骨粉等。

上面各种饲料，可根据各地区情况选择。应用时，须加工调制，既可减少浪费，又可帮助消化。例如，稿秸、干草等要铡细；豆类、高粱等要泡软；谷粒要压碎；不然就会有过料现象（即整粒谷粒不能很好地消化，仍随粪便排出）。此外，油饼应粉碎成小块再喂。根菜要切成片状，不要切成方块或整个喂，以免阻塞食道。饲料在加工调制以前，应经过仔细选择、过筛，除去尘土、砂石等杂物。

（二）补饲方法及其饲料量

役驼补饲应根据体格大小、劳役的轻重程度、营养状况以及放牧情况等决定饲喂草料的数量，每天补饲量可参照表 4-2。饲喂次数，一般每天分早、中、晚 3 次，日间以饲喂精饲料为主，少喂些粗饲料，晚上则应以饲喂粗饲料为主，另加一次夜草。食盐和骨粉由骆驼自由采食。

舍饲期间，骆驼的饮水要充足，并依其特性，缓慢就饮，不宜很快把骆驼牵开。

表 4-2　役驼每天饲喂草料数量表

体重（kg）	劳役程度	每天喂料的种类和数量		
		粗饲料（kg）	精饲料（kg）	食盐（g）
450	重役	16	1.5	30
	中役	16		30

体重（kg）	劳役程度	每天喂料的种类和数量		
		粗饲料（kg）	精饲料（kg）	食盐（g）
500	重役	17	1.5	30
	中役	17		30
550	重役	18	1.5	30
	中役	18		30
600	重役	19	2.0	40
	中役	19		40
650	重役	21	2.0	40
	中役	21		40
700	重役	22	2.0	40
	中役	22		40

四、使役中的注意事项

役用骆驼应是去势驼和空怀母驼，对妊娠母驼可轻役，带羔母驼则应禁止役用。

荒漠地区的长途运输驼队，冬、春季均不予补饲，每天 16：00 上垛起程，直到 23：00，持续 7h 的行走后，卸垛夜营，并将骆驼撒场放牧，直到翌日 16：00 再上垛起运。具体驮重可视个体大小、营养好坏与驮运表现而酌情增减。

装卸地点应选在平坦松软的地方，如果让它卧在坚硬的或凹凸不平之处，就会导致角质垫受损。

每次驮货前要注意把骆驼背腰两侧所附的草棍、石子加以清除，并仔细检查驼背；如发现压伤，须立即判明原因，采取补救措施。尤其在脱毛以后，皮肤最易被鞍具擦伤。

各骆驼所用鞍具应力求合适，个别骆驼须据其体躯特点制备，并固定使用，这不仅能使骆驼习惯鞍具，而且可防止传染病。

驮运时，对垛子装卸结扎操作必须正确，垛子两侧重量应该相等（但对驼峰倒向的一侧，垛子可稍轻一些）；否则，所驮货物会在运输中向一侧歪斜，不仅耽误工作，而且会增加骆驼的负担。另外，如上垛不当，对骆驼的腰、腹、膝等处很易造成压伤，对役用骆驼的长期使用不利。

装好以后，不应有摇动现象。为了避免摇摆，一定要找好垛子重心位置（垛子位置以在体轴中线为好）。

上垛后须待全组骆驼上垛完毕，然后逐一牵起。上垛后立即起立的骆驼，可用简易保定法控制。

编练的时候，要根据骆驼步样的特点进行，步快的骆驼系在练尾，步慢的骆驼系在练首。

起程前应饮好水，使役中则应防止滥饮。因为在劳役时体温增高，而突然暴饮深井水，很容易发生意外事故。每行走 10km 应休息 1 次，同时系统检查全练垛子的松动情况。对疲劳的骆驼，停役以后，先给饲草或在附近放牧。过 2～3h 后，再让其饮水。

第五章

骆驼舍饲与半舍饲饲养

CHAPTER 5

不同品种的骆驼，由于生长环境、气候等因素不同，其生长状况、适应性、生产性能及外貌特征等具有一定的差异性。除此之外，饲养管理对骆驼的健康、生长、繁殖也起着关键性作用。科学合理的饲养管理，可提高骆驼的健康水平，充分发挥骆驼的繁殖性能和生产能力，提高饲料转化率，降低生产成本，提高经济效益，还可以产出高质量的畜产品。科学合理的饲养管理，还可以促进骆驼的改良育种。

总之，除了品种因素之外，影响养驼业发展的主要原因是驼群饲养管理方式。为提高养驼业的规模效益，应改变传统放牧方式，控制放牧时间、距离，进行围栏饲养，将提高骆驼的综合生产水平和利用价值，整体提高驼群质量和促进养驼业发展。我国主要以双峰驼饲养为主，因此本章将着重介绍双峰驼的舍饲和半舍饲饲养管理技术，以期为双峰驼的饲养管理提供参考。

第一节　舍饲饲养

舍饲饲养是一种先进的集约化养殖方式，根据舍饲圈养的固定技术设备，能够让畜群在有效的保护和管理下，健康快速地生长，减少了外界因素不必要的损害，针对畜群适应的温度以及各个时期的生长需求，有计划地对其实施饲料喂养。另外，还可以对每天的饲料用量进行统计，然后按照正常的饲料量喂养，减少了不必要的浪费，降低生产成本，同时有助于生态环境的恢复。具有充分利用自然资源、保护天然植被、便于管理、减少疾病等优点，可以有效促进畜牧业良性发展。

一、舍饲饲养的现实意义

当前，我国养驼业发展受到自然和市场的双重挑战，一方面，养驼在北方少数民族地区经济建设中占据重要地位，发挥着重要作用，需要积极发展；另一方面，双峰驼主产区草原严重退化、沙化，使本来脆弱的生态环境进一步恶化。因此，必须抓好生态建设，既要发展养驼业，又要保护建设生态，实现可持续发展。

草地是重要的自然资源，在保护水土、防风固沙方面起着重要作用，是环保卫士，同时也是畜牧业生产的物质基础。因为，双峰驼养殖效益不如养羊业高，牧民在利益的驱动下大力发展养羊业，畜群结构失去平衡，使畜群采食量长期超过牧草的再生量，造成草场的过度放牧，严重超载，退化、沙化不断加重，导致草场上的牧草种类逐渐减少，使双峰驼生存环境变得更加恶劣，有时出现与羊强食的现象，养殖户为了方便管理羊群和其草场纷纷拉围起围栏，双峰驼觅食游走范围越来越小，每年都有部分妊娠母驼和驼羔被屠宰，影响了双峰驼资源多样性的保护。

由于人口压力加剧，开垦种植不断发生。在干旱草原垦殖，由于土壤失去植被保护，水蚀、风蚀加剧，伴生出水土流失和风沙两大自然灾害。禾草丛的草场，开垦后又撂荒，在无人为干预的条件下需要 15～20 年才能基本恢复到初始草原植被状态；若有放牧等人为因素干扰，将永久停留在退化状态。因此，开垦对草原的破坏性极大，而恢复则相当困难。在牧区半牧区，由于人口过度膨胀导致能源短缺，只能向草原乔木、灌木半灌木及草本等植物索取烧柴，造成过度采伐，植被破坏。

综上可知，生态环境破坏的主要原因是由于生产经营不当、不合理造成的。但是牲畜数量激增，也是加剧草原生态环境恶化的事实。为了遏制草原退化，保护生态环境，发展草原畜牧业，提高牧民生活水平，必须采取一些措施，来解决人-畜-生态环境问题。

二、解决草畜矛盾应采取的措施

（一）严格控制养殖数量，提高个体产量，把畜牧业由数量型转向质量效益型

我国双峰驼主要分布在内蒙古自治区、新疆维吾尔自治区。其中，内蒙古自治区阿拉善盟境内双峰驼密度最大。目前，阿拉善盟境内约有 12 万峰双峰驼，成年双峰驼产毛量 4.6～5.5kg，成年去势驼屠宰率可达 50%以上，净肉率 38%。母驼 4 周岁、公驼 5 周岁开始配种，母驼繁殖年限为 17～20 年，公驼利用年限为 10～15 年。母驼妊娠期为 395～405d，一般为单胎。母驼平均产奶量 1.5kg/d（每天挤奶 2 次），泌乳期约 500d。

（二）改变传统饲养模式，从全放牧转变为舍饲饲养

双峰驼的生产方式历来是自然放牧，投入少、成本低，是少数民族地区主要的生产生活资料来源。在草场牧草丰盛期可实行放牧饲养，但一定要给草地留有恢复生机的余地。冬春季节实行舍饲或半舍饲。总之，由终年放牧向舍饲、半舍饲饲养模式转变，必然成为当前和今后可持续发展的要求。双峰驼消化生理特点独特，能充分利用灌木、半灌木等木质化程度较高的植物，也能利用农作物秸秆。对营养物质的需求不如猪、鸡等敏感，只要在维持的基础上，再增加一些必备营养物质，就可以满足其生长发育和产绒、产奶的需要。舍饲、半舍饲饲养模式便于泌乳驼和驼羔的饲喂、调教、挤奶（机器挤奶）、驼奶卫生监控、预防疾病等工作的开展。通过舍饲能改善泌乳期双峰驼营养状况，提高产奶量，能达到提高养驼效益的目的。舍饲泌乳驼可能在饮食、消化、疫病方面出现一些新的问题，但可通过加强科学饲养管理来解决。

双峰驼从放牧转变为季节性舍饲或半舍饲，一方面，能防止草原生态进一步恶化；另一方面，能发挥地方特色畜种资源优势，为北方边疆少数民族地区经济建设做出较大的贡献，意义重大而深远。

三、舍饲的条件及其可行性

（一）舍饲的条件

1. 转变传统饲养观念 舍饲双峰驼需要有一定的经济投入，许多牧户会产生思想

负担，应以实地试验宣传教育和示范引导的方式，让养驼户认识到科学喂养双峰驼的效益远远高于放牧驼。草场较好的情况下，泌乳驼可以夏秋季放牧，冬春季采取舍饲饲养管理方式，这样使驼羔和母驼均能获得所需的营养，驼羔生长和母驼产奶才能得到保障。

2. 有可靠的经济效益 舍饲双峰驼需要场地、人员、饲草料基地、加工饲草料、收草、运输，其生产费用较放牧饲养高，产值能否超出其所投入的成本，也就是说，能否有经济效益或较高的经济效益，是舍饲养双峰驼所面临的问题。要想取得较好的经济效益，不仅仅是单一技术的应用，应实施优良品种的利用、饲草料的合理供应、科学的饲养管理和疾病防治等综合措施。

3. 进行品种改良，培育产奶、产肉、产绒为主的高产新品种 我国双峰驼品种较原始，未进行过乳、肉、绒用为主的专门化品种的培育，个体间生产性能差异较大，有进一步改良提高的空间。另外，双峰驼繁殖周期长，两年产一羔，对泌乳驼实施舍饲饲养，能获得较高的经济效益。因此，目前应引进高产驼，改良提高双峰驼生产性能，培育出适合于舍饲的高生产性能的双峰驼品种。

4. 充足的饲草料和便利的交通 充足的饲草料是舍饲双峰驼成功的关键。放牧主要靠草地牧草，舍饲养驼主要充分利用农作物秸秆，有条件的也可以种草养驼。有耕地条件时可以种植适合当地的优良牧草，如紫花苜蓿、沙打旺、草木樨、胡萝卜等，在解决一部分夏秋季的青草；还可经调制、储存，或制作青贮饲料为冬春季舍饲提供饲料。

5. 科学的饲养管理技术 是从放牧转变到舍饲饲养的关键措施。就是要以现代技术，特别是高新技术改造或替代传统的农牧业技术体系，将先进技术及时充分地应用到农牧业生产中去。要有大批科技工作者将科学技术传授给养驼户，用科学技术管理生产，从而取得良好的效益。

6. 出台政策 鼓励和扶持是促进养驼发展的根本保障。

（二）双峰驼舍饲饲养可行性分析

（1）双峰驼舍饲饲养符合国家鼓励草食家畜养殖的农业政策，符合地区发展的实际情况。

（2）双峰驼舍饲饲养模式主要在泌乳驼和其驼羔的饲养上采用较多，经济效益也较高。

（3）泌乳驼养殖大户选址较合理，建设地点具有丰富的饲草料资源，基础设施较完备，交通便利，建设条件良好。

（4）舍饲饲养能改善驼乳生产条件，调整产业结构，推动当地经济发展，加快农牧民致富的步伐，带动相关产业的协调发展，拓宽就业渠道，社会效益明显。

（5）舍饲养殖工艺流程与技术方案适用性高、科学成熟，技术上具有可行性。

（6）饲养技术科学合理，能有效减少污染和能源消耗量，实现生态节约型和循环型发展，生态效益明显。

四、泌乳驼养殖场区选址和建设

（一）舍饲养殖场地选择及设计

建设地点选择应远离工矿工业区靠近农区，周边无污染性企业，无有毒有害气体、烟雾、粉尘、放射性物质等污染物的排放，符合本地区新农村建设总体规划、农牧业发展总体规划、土地利用总体规划和城乡建设总体规划。养殖区的选址根据建设规模，考虑地形、地势、水源、土壤、当地气候等自然条件，考虑饲料及能源供应、交通运输、产品销售、与周围工厂居民点及其他养殖场的距离，对当地农业生产、养殖区防疫、粪污处理、环保等社会条件进行全面调查后确定圈舍建设场地。

泌乳驼舍饲养殖区的建设应从人畜保健的角度出发，根据生产工艺流程进行分区，考虑当地气候、风向、地形地势，建立最佳生产联系和卫生防疫条件，合理安排各区的位置，场区可划分为生活工作区、生产区和病畜隔离区。

1. 生活工作区　生活工作区是为养殖场工作人员、实验员及外来人员提供伙食、住宿休息以及工作的场所，主要有办公室、实验室、消毒室、手术室和驼奶贮藏室等。生活工作区应布置在生产区上风头和地势较高地段，与生产区保持 80m 以上距离。外来人员只能在生活区活动，场外运输车辆、牲畜严禁进入生产区。

2. 生产区　生产区主要为养殖和消毒区，设在场区的下风位置，与外界设隔离带，确保非生产场内人员和车辆不能直接进入生产区。设有驼圈、骆驼暖棚、饲草库、饲料库（带加工房）、青贮饲料池等。

棚圈按照合理布局、分阶段分群饲养的原则布局，前后两栋棚圈间距不小于 15m，以便防疫和防火、便于科学管理。生产区大门可以设数个，暖棚、活动场大门宽应为 3m，避免拥挤，可用木质材料。棚圈也可分割成泌乳驼暖棚、驼羔暖棚、妊娠母驼待产棚暖棚、种公驼圈等。母驼暖棚前应带有一个较大的运动场，约为暖棚的 2 倍，围墙高 1.8m 左右，用砖砌或拉铁丝网。

3. 病畜隔离区　主要包括隔离畜舍、病死畜处理区及粪污储存与处理设施。设在生产区外围下风地势低处，与生产区保持 300m 以上的间距。粪尿污水处理、病畜隔离区有单独通道，便于病驼隔离、消毒和污物处理。

除此之外，还应设水井、消毒池。生活和生产区之间应建隔离绿化带。

（二）棚圈规格

1. 棚圈　在多风沙地区，棚圈形式以圆形为宜，这样不易被流沙埋没；而在少风沙地区，则可为方形。棚圈为半敞棚式，坐北朝南，内 4 角宜为弧形。围墙高 2.8m，顶棚为斜坡式，可采用彩钢结构，顶棚的一边搭在围墙上，另一边高 3.5m，需安装采光窗户，增加采光度。暖棚内和运动场均安放饲槽，可石砌，饲槽安放在中间，饲槽长度应按照骆驼数量设计，平均每峰骆驼 0.5m。泌乳驼暖棚圈与驼羔暖棚圈相邻，需通过棚外运动场相通，方便挤奶，泌乳驼暖棚内地面不用硬化处理。各暖棚圈大小均按照骆驼相应数量设定，一般每个部分可容纳25～30峰。棚舍面积，每峰成年骆驼可按4.5～5m²、幼驼按3m²计算。圈内面积每峰成年驼应不少于8m²、驼羔圈面积按5m²/峰计算。圈舍应定期清扫和消毒，垫平地面，保持干燥和卫生，及时清除粪便。

2. 封闭式厩舍 在屋顶上应设置通气孔，以使厩舍内空气流通。南面墙上开窗，窗户面积以占厩舍内面积的12%～15%为宜。窗上也不必装玻璃，只在最冷时用塑料薄膜或草帘挡风。门宽不少于2m，高不能低于2.5m。厩舍面积设置标准与棚圈面积相同，平均每峰骆驼应占4.5～5m²，产房可适当放宽至8m²，屋顶高应不低于3.5m。

（三）消毒池

消毒池设计在生产区大门附近，外来车辆和牲畜必须消毒后方可进入。消毒池面积为5m×7m，地面为20cm厚水泥地面，防水处理。

五、舍饲饲养条件下营养供给的特点

双峰驼母驼在不同生长阶段所需营养物质不同，饲料组成也不相同，但总的原则是满足机体营养需要，既不能过多也不能过少。过多，机体吸收不了，造成浪费和经济损失；过少，达不到机体需求，影响生长发育。现将不同阶段的饲料组成简单叙述如下：

（一）驼羔的饲料组成

驼羔是指从出生后到2周岁的小骆驼，哺乳期一般为14～18个月，驼羔生后最初1周，由于各种组织器官尚未发育完全，对外界不良环境抵抗力低，适应力较弱，消化道黏膜容易被细菌穿过，皮肤保护能力差，神经系统反应不足。驼羔的饲养按其生理特点可分为初生期和哺乳期2个阶段。初生期为驼羔生后1～10d，这一时期主要喂养初乳，因为初乳比常乳中的干物质多，营养丰富，特别是蛋白质比正常奶高4倍，比白蛋白及球蛋白高10倍，所以驼羔出生2h内必须吃上初乳，而且越早越好。

哺乳期除喂常乳外，开始进行补饲，特别是植物性饲料的补给可促进胃肠和消化腺发育，尤其是可促进瘤胃的发育。补饲的营养水平高，驼羔的生长发育快；反之，发育延缓。大量补饲高营养饲料，驼羔虽生长快，但不利于瘤胃发育，同时培育成本也高。从1～2个月龄起，可使驼羔逐渐习惯采食精饲料。从2～3月龄起，可喂些块根和青草之类的多汁饲料。最初的精饲料量不要太多，每天喂0.3～0.5kg即可。4～5月龄时应当按照幼驼的饲养标准供给营养，6月龄后母乳不再是驼羔的主要食物了，从这时起可以用混合饲料饲喂，逐渐趋于断奶，1月龄至2岁驼羔饲草料供给量见表5-1。

驼羔混合精饲料的参考配方如下：玉米30%，棉籽粕5%，大豆粕12%，玉米DDGS5%，大豆皮5%，苜蓿草粉（14%）40%，骨粉1%，食盐1%，添加剂1%。

（二）育成驼的饲料组成

驼羔18月龄断奶后就进入育成期。育成驼生长较快，育成驼日粮以青粗饲料为主，可以搭配少量混合精饲料；喂优质青干草、青贮饲料，并适当搭配混合精饲料。钙、磷的含量和比例必须搭配合理，同时也要注意适当添加微量元素。育成驼舍饲的基础饲料是干草、青草、秸秆和青贮饲料，饲喂量为体重的 1.2%～2.5%，视其质量和大小而定，以优质干草为最好，具体饲草料供给量见表 5-1。

表 5-1　驼羔、育成驼饲草料供给量（出生时的活重估计为 30kg）

年龄	估计体重（kg）	每昼夜的饲料给予量			
		乳	精饲料（kg）	青（干）草（kg）	食盐（g）
1 月龄	40	足量	0.1～0.5	小株青草	30
2 月龄	60	足量	0.5	青草 0.8	30
3 月龄	80	足量	1.0	1.5	30
4 月龄	90	足量	1.5	2.5	30
5 月龄	100	足量	1.5	3.5	30
6 月龄	120	足量		干草 7.5	30
1 岁	180	足量		9.5	30
1 岁半	200			11.0	30
2 岁	260			13.0	40
3 岁	300			14.0	40
4 岁	350			16.0	40

18 月龄以后，育成驼的消化器官发育已接近成熟，但无妊娠或产奶的负担，因此此时期如能吃到足够的优质牧草就基本上可满足营养需要，膘情差时可以每天补喂 0.5～1kg 精饲料。此年龄段双峰驼没有特殊要求，一般不采取舍饲饲养，与其他驼群同群放牧管理。

（三）泌乳驼饲料组成

母驼产羔后 2～3d 喂给易消化的优质干草，适当喂些以麦麸、玉米为主的混合精饲料，控制饲喂催乳效果好的青绿饲料、蛋白质饲料等。产羔 3～4d 后可喂多汁饲料和精饲料，精饲料喂量每天不超过 1kg，增加量不宜过多，对于体质较弱的母驼在产后 3d 喂给优质干草。如果身体健康，产羔后第 1 天就可喂给少量多汁饲料，6～7d 精饲料喂量可恢复正常水平。

产羔后 16d 至 3 个月母驼食欲逐步恢复正常并达到最大采食量，对日粮营养浓度要求高，适口性要好，应限制能量浓度低的粗饲料，增加精饲料的喂量，如果日粮能量浓度较低，则可添加植物性脂肪，并适当延长采食时间。

产羔后 4～10 个月，母驼采食良好，采食量达到高峰，能从正常饲料中摄取足够的营养满足自身需要，增加粗饲料的用量，适当减少精饲料的用量，将精粗饲料比例控制在 2∶3 左右。

（四）妊娠母驼饲料组成

双峰驼发情配种主要集中在冬季 12 月中旬至翌年 2 月，母驼参加配种受孕后，不仅本身维持、泌乳需要营养，而且还要满足胎儿生长发育所需的营养蓄积。母驼妊娠前 4 个月，由于胎儿生长发育较慢，其营养需求较少，还能持续泌乳。活重 450～700kg 的泌乳驼每天需要粗饲料 16～22kg，精饲料 1.5～2kg。粗饲料为稿秸、秕糠（如玉米秸秆、麦草、谷草等）、干草（如苜蓿干草、草地干草等）、根茎及其他（如胡萝卜、马铃薯、芜蒿、青贮饲料等）；精饲料为谷类（如玉米、大麦、燕麦、高粱、草籽等）；加工副产品（如菜籽饼、胡麻饼、麦麸、糖渣等）；矿物质饲料（食盐、微量元素等）。草料一般每天分 3 次饲喂，日间以饲喂精饲料为主，少饲喂些粗饲料，晚上以饲喂粗饲料为主。食盐和舔砖自由采食。另外，饲料中可以适当增加精饲料，蛋白质以豆饼最好，棉籽饼、菜籽饼含有毒成分，不宜喂妊娠母驼。随着妊娠月份的增大，大部分母驼受孕后 6 个月内基本自然干奶，可以与空怀母驼一起牧放抓膘。

（五）预产期驼舍饲饲料组成

为保证即将产羔母驼营养供给及驼羔成活率，一般妊娠母驼在产羔前 1～2 个月进入驼圈，开始舍饲喂养至翌年配种结束，入夏青草长出后放回到自然草场上放牧抓膘。预产期驼饲草料以青干草为主，适当搭配精饲料，重点满足蛋白质、矿物质和维生素的营养需要，蛋白质以豆饼最好，棉籽饼、菜籽饼必须脱毒后饲喂；矿物质要满足钙、磷的需要；维生素不足可导致母驼发生早产、弱产，出生的驼羔抵抗力低下，容易生病，再配少量的玉米、小麦麸皮等谷物饲料即可，同时应注意防止妊娠母驼营养过剩，尤其是青年头胎母驼，以免发生难产。

（六）泌乳驼短期舍饲养殖

2016—2017 年，内蒙古自治区阿拉善盟畜牧研究所（阿拉善盟骆驼科学研究所）在阿拉善右旗阿拉腾敖包镇开展的泌乳驼冬春季短期舍饲养殖试验收到了较好的效果，对养驼业由粗放型经营向舍饲集约化经营转变起到了一定作用。具体项目设计如下：

30 峰膘情、胎次、泌乳月和产奶量基本相近的阿拉善双峰驼作为试验驼，采取舍饲饲养管理模式，舍饲喂养 75d。试验驼分为 3 组，分别为舍饲Ⅰ组、舍饲Ⅱ组和对照组，舍饲Ⅰ组泌乳驼平均喂 12.5kg/（峰·d）苜蓿干草和粉碎玉米 2kg/峰；舍饲Ⅱ组饲喂苜蓿干草 8.3kg/（峰·d），用料槽饲喂泌乳驼配合日粮 5kg/（峰·d）。两组试验驼隔日饮 1 次水。泌乳驼配合日粮配方为：玉米粉 30%，棉籽粕 5%，预混料 3%，大豆粕 7%，玉米 DDGS（28%）5%，大豆皮 5%，苜蓿草粉（14%）15%，玉米秸30%；营养成分含量为粗蛋白质 13%、钙 0.66%、总磷 0.26%、粗灰分 16.94%、粗纤维 16.94%。经过 75d 的舍饲饲养，舍饲Ⅰ组和舍饲Ⅱ组个体产奶量最高值分别达到2 487g/（峰·d）、2 741g/（峰·d），日平均产奶量比试验前分别增加了 717g 和1 041g。这时试验驼体重基本无变化（$P>0.05$），泌乳驼的营养水平基本能满足泌乳和维持需要，但不能满足增重的需要。而在同一时间内对照组驼泌乳所需营养严重不足，产奶量明显下降。

整个试验过程中舍饲组驼乳脂肪、蛋白质、乳糖等主要营养成分含量与对照组之间无显著差异（$P>0.05$），舍饲组和对照组驼乳营养成分含量见图5-1。

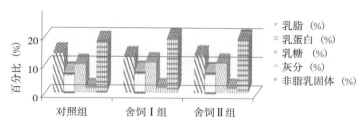

图例：
- ✓ 乳脂（%）
- □ 乳蛋白（%）
- ※ 乳糖（%）
- ⁄ 灰分（%）
- ▓ 非脂乳固体（%）

图 5-1　舍饲组和对照组驼乳营养成分含量

表 5-2 中，对照组在试验期第 30～90 天日均产奶量为 0.86kg，舍饲Ⅰ组、舍饲Ⅱ组（$P<0.05$）日均产奶量均显著高于对照组（$P<0.05$）。此外，预试验期（第 0～30天）由于各组经过缓慢增加饲料，除舍饲Ⅱ组（$P<0.05$）之外其他 2 组产奶量无显著差异（$P>0.05$）。正式试验前期（第 30～60 天），舍饲Ⅰ组、舍饲Ⅱ组的产奶量与对照组相比显著提高。到第 75 天时，舍饲Ⅰ组、舍饲Ⅱ组的产奶量提升到最高值，显著高于对照组（$P<0.05$）。

表 5-2　不同饲喂方式对骆驼日平均单产的影响

天数	舍饲Ⅰ组	舍饲Ⅱ组	对照组
第 0 天	0.822 ± 0.044^a	0.869 ± 0.049^a	0.829 ± 0.058^a
第 15 天	1.188 ± 0.109^b	1.386 ± 0.136^b	0.933 ± 0.060^a
第 30 天	1.111 ± 0.124^a	1.432 ± 0.109^b	0.859 ± 0.064^a
第 45 天	1.284 ± 0.147^b	1.626 ± 0.144^c	0.889 ± 0.071^a
第 60 天	1.376 ± 0.131^b	1.752 ± 0.157^c	0.880 ± 0.075^a
第 75 天	1.539 ± 0.113^b	1.910 ± 0.146^c	0.867 ± 0.075^a
第 90 天	1.183 ± 0.118^b	1.425 ± 0.113^c	0.842 ± 0.062^a
第 120 天	0.900 ± 0.081^a	1.042 ± 0.124^b	0.543 ± 0.031^a
第 30～90 天	1.298 ± 0.372^b	1.629 ± 0.451^c	0.867 ± 0.187^a

注：同列数据肩标不同小写字母表示差异显著（$P<0.05$）；相同小写字母表示差异不显著（$P>0.05$）。

六、机器挤奶

挤奶机挤奶是泌乳驼集约化养殖的主要挤奶手段。挤奶机挤奶对提高驼乳生产效率有重要意义，同时能保障驼乳质量、减轻人工劳动强度。集约化养殖是泌乳驼养殖业发展的必经之路。要实现泌乳驼集约化养殖，除了满足泌乳所需营养物质外，还要改变目前传统的人工挤奶方式，提高产奶量，保证鲜驼乳的卫生质量。表5-3为两种挤奶方式下骆驼日平均产奶量对比表。

人工挤奶的10峰驼，经过5d耐心而细致的挤奶机挤奶训练后，这些双峰驼基本适应了挤奶机挤奶。

表5-3　两种挤奶方式下骆驼日平均产奶量对比表

驼号	人工挤奶（g）	挤奶机挤奶（g）	增减率（%）
1	1 194	1 423	19.18
2	1 345	1 384	2.90
3	818	658	−19.56
4	1 108	1 153	4.06
5	726	780	7.44
6	937	941	0.43
7	976	1 042	6.76
8	1 105	1 141	3.26
9	830	1 062	27.95
10	1 682	2 349	39.66

从表5-3中可看到，同一峰泌乳驼用两种方法挤奶，产奶量基本有所增加，其中3峰骆驼产奶量比人工挤奶提高了19%以上，最多达到39.6%。这一结果对在骆驼养殖区推广应用挤奶机挤奶技术起到了一定的促进作用。

第二节　半舍饲饲养

一、半舍饲饲养概念及模式

双峰驼半舍饲是指白天放牧，根据牧场情况傍晚归来补饲，夜晚在圈舍休息的饲养方式。从规模上讲，半舍饲适合于小规模养殖，一般是泌乳驼20～30峰，繁殖母驼50～60峰，养殖200余峰驼的养驼户。该饲养是根据不同季节牧草生产的数量和品质、驼群本身的生理状况，确定每天放牧时间的长短和在舍饲喂的次数及饲料量。夏、秋季各种牧草生长茂盛，通过放牧可以吃饱，满足营养需要，可以不补饲或少补饲。冬、春季牧草枯萎，量少质差，单纯放牧不能获得足够营养，这时需在放牧的基础上对泌乳驼进行补饲才能让其获得泌乳所需的营养物质。这种饲养模式结合了放牧与舍饲的优点，适合于饲养泌乳驼以及其他膘情较差的双峰驼。

补饲形式：在草场质量差、产草量低、放牧采食严重不足的情况下，可采取"青干草＋玉米（或颗粒饲料）＋动物营养舔砖"的形式补饲；草场质量良好，放牧采食可基本满足需要，可采取"青干草＋动物营养舔砖"的形式补饲。

补饲配（混）合饲料时，必须了解其营养价值。

严禁饲喂发霉变质饲料、冰冻饲料、农药残毒污染严重的饲料、被病菌或黄曲霉污染的饲料和未经处理的发芽马铃薯等有毒饲料，严密清除饲料中的金属异物和塑料纸制品。

母驼产羔后的最初几天，母性很强，常因守羔而不吃不喝，不愿远离，经赶打后，勉强离羔，又总是几步一回头，频频哞叫，不安心吃草，膘情急剧下降。因此，对于产羔母驼应准备足够的饲草饲料，予以补饲。

产羔母驼群，在5月以前，应做好转场工作，天气炎热以后，就不能再远距离移牧了；否则，母驼因留恋旧草场，采食减少，泌乳量下降，从而影响驼羔生长发育。

产羔母驼应每天饮水1次，在遇到风雪、雨天时，应在乏弱母驼的背上搭盖毡片，以防御风寒，可不予饮水。产羔1个月后，除风、雪、雨天外，可让母驼带领驼羔在附近放牧，归牧后应将驼羔进行系留，以防夜间母驼带领驼羔自行远离。产羔后3～4周，可剪去母驼的嗉毛、鬃毛和肘毛。带羔母驼的被毛脱落较其他骆驼迟，收毛时应先收四肢、腹下颈部和体侧毛，背部毛待到小暑后收取。

对泌乳量较高的母驼，则可每天早晨或晚上挤奶1～2次，或者将驼羔哺乳后剩余的乳汁全部挤净，这样有利于提高泌乳量和防止驼羔过食，而引起消化不良。随着驼羔生长发育速度的加快，挤奶次数应逐渐减少，甚至停止。但在草质不佳、母驼泌乳量不高时，应先满足驼羔需要，严禁挤奶。初产母驼若母性不强，不让驼羔哺乳时，则可强行保定其两后肢，人工辅助驼羔进行哺乳，3～5d后即可哺乳。夏季、初秋时，带羔驼到牧草茂盛的草场上自由采食抓膘。到秋季天冷草枯，得不到一点补饲，只能完全靠啃吃残存的少量枯草维持半饥半饱的生活。此时，驼体处于能量负平衡，只得慢慢运用所储脂肪来维持。这样一直到春末，骆驼便变得瘦骨嶙峋，乏弱至极，生产力最低，易患各种疾病，幼驼死亡率很高。在这种完全靠天养畜的状态下，双峰驼和其他家畜一样，是处于"夏壮、秋肥、冬瘦、春乏"的恶性循环中，要提高生产力是比较困难的。11月至翌年5月正是北方地区双峰驼集中挤奶的时间，产奶量均很低，平均日产奶量仅为500g左右。此时，必须补饲才能保证其正常产奶。白天放牧，晚上回圈后补饲苜蓿2kg/峰，产羔母驼精补料2kg/峰。产羔母驼精补料配方：玉米粉48%，小麦麸12%，棉籽粕10%，预混料5%，大豆粕10%，玉米DDGS（28%）15%。

二、半舍饲饲养对提高养殖效益的作用

骆驼半舍饲饲养在充分利用草原牧草资源的同时也可以利用农副产品，这种饲养方式较简单、灵活，饲养成本较低，既适合农区，也适合半农半牧区，结合当地实际

情况，饲养的规模也可灵活调整。骆驼圈舍可修建在离牧场较近的地方，牧户将养驼与种田相结合。白天放牧，晚上根据白天放牧的情况补饲干草、精饲料或农副产品。这种饲养方式，泌乳驼既得到了运动和充足的营养，也利用了农副产品，降低了饲养成本，适宜于泌乳驼集中饲养。

（一）泌乳驼放牧、舍饲、半舍饲饲养对产奶量的影响

2016—2017年，内蒙古自治区阿拉善盟畜牧研究所（阿拉善盟骆驼科学研究所）开展泌乳驼短期舍饲养殖试验的同时也进行了半舍饲饲养试验，不同饲养方式对双峰驼日平均单产的影响见表5-4。由表5-4可知，对照组在泌乳期间日均产奶量为0.86kg，舍饲Ⅰ组（SC1）、半舍饲Ⅱ组（BSC2）和舍饲Ⅱ组（SC2）（$P<0.05$）日均产奶量均显著高于对照组（CG）（$P<0.05$），而半舍饲Ⅰ组（BSC1）日均产奶量与对照组无显著差异（$P>0.05$）。此外，预试验期（第0～30天）由于各组经过缓慢增加饲料，除舍饲Ⅱ组（$P<0.05$）之外，其他4组产奶量无显著差异（$P>0.05$）。正式试验前期（30～60d），舍饲Ⅰ组、舍饲Ⅱ组和半舍饲Ⅱ组的产奶量与对照组相比显著提高。图5-2为不同饲养方式对产奶量的增长率的影响（日平均单产），到第75天时，舍饲Ⅰ组、舍饲Ⅱ组和半舍饲Ⅱ组产奶量提高到最高值，与对照组相比，分别增加了77.5%、120.2%和56.0%（$P<0.05$）。而半舍饲Ⅰ组产奶量提高的速率比其他组的要缓慢，在第90天时才达到最高值，与对照组相比增加了53.1%（$P<0.05$）。

在整个正式试验期间（30～90d），对照组在自然放牧状态下日均产奶量仅为0.867kg，而舍饲组和半舍饲组母驼日均产奶量均显著高于对照组。与对照组相比SC1、SC2、BSC1、BSC2母驼平均日产奶量分别上升49.7%（$P<0.01$）、87.9%（$P<0.01$）、27.1%（$P<0.05$）和48.7%（$P<0.01$）。同时，SC2组母驼日均产奶量极显著高于其他组，而SC1组母驼日均产奶量高于BSC1组（$P<0.01$），却与半舍饲Ⅱ组无显著差异。

表 5-4　不同饲养方式对双峰驼日平均单产的影响

天数	SC1	SC2	BSC1	BSC2	CG
第 0 天	0.822±0.044[a]	0.869±0.049[a]	0.835±0.064[a]	0.843±0.056[a]	0.829±0.058[a]
第 15 天	1.188±0.109[ab]	1.386±0.136[b]	0.869±0.062[a]	0.996±0.139[a]	0.933±0.060[a]
第 30 天	1.111±0.124[a]	1.432±0.109[b]	1.050±0.108[a]	1.046±0.115[a]	0.859±0.064[a]
第 45 天	1.284±0.147[bc]	1.626±0.144[c]	0.919±0.125[ab]	1.311±0.136[bc]	0.889±0.071[a]
第 60 天	1.376±0.131[bc]	1.752±0.157[c]	1.077±0.113[ab]	1.389±0.143[bc]	0.880±0.075[a]
第 75 天	1.539±0.113[b]	1.910±0.146[c]	1.174±0.101[ab]	1.353±0.152[b]	0.867±0.075[a]
第 90 天	1.183±0.118[ab]	1.425±0.113[c]	1.289±0.127[b]	1.335±0.118[b]	0.842±0.062[a]
第 30～90 天	1.298±0.372[c]	1.629±0.451[d]	1.102±0.370[b]	1.287±0.378[c]	0.867±0.187[a]

注：同列数据肩标不同小写字母表示差异显著（$P<0.05$）；相同小写字母表示差异不显著（$P>0.05$）。

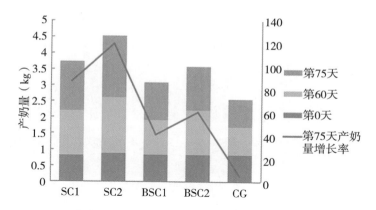

图 5-2　不同饲养方式对产奶量增长率的影响（日均产奶量）

（二）挤奶机挤奶对产奶量的影响

如表 5-5 所示为 2 种挤奶方式对骆驼产奶量的影响，可以看到，使用挤奶机挤奶后，除 3 号驼外，其他驼产奶量都有不同程度的增加。挤奶机挤奶的 10 峰骆驼的产奶量总和增加了 11.30%，虽然增长量并不是很高，但对于骆驼养殖户来说经济效益增长了很多。这一结果对在骆驼养殖区推广应用挤奶机挤奶技术起到了一定的促进作用（图 5-3）。其中，3 峰骆驼产奶量比人工挤奶提高了 19% 以上，最高可达 39.66%。据调查，人工挤奶驼完全适应挤奶机挤奶大概需要 15d 左右，产奶量能提高 50%，如果补饲，平均单次产奶量能达到 1kg。

表 5-5　两种挤奶方式对骆驼产奶量的影响（kg）

驼号	人工挤奶（kg）	挤奶机挤奶（kg）	增减率（%）
1	1.194	1.423	19.18
2	1.345	1.384	2.90
3	0.818	0.658	−19.56
4	1.108	1.153	4.06
5	0.726	0.780	7.44
6	0.937	0.941	0.43
7	0.976	1.042	6.76
8	1.105	1.141	3.26
9	0.830	1.062	27.95
10	1.682	2.349	39.66
总和	10.721	11.933	11.30

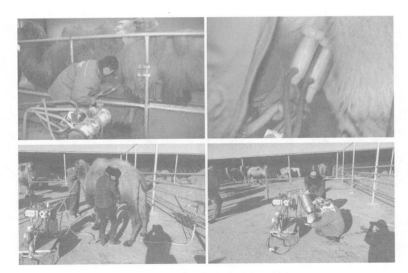

图 5-3　骆驼养殖户用挤奶机挤奶

第一节　骆驼饲养

一、传统的饲养

(一) 骆驼对放牧地的要求

骆驼是唯一能长期生活在荒漠、半荒漠地区的家畜。在传统养驼地区，由于植被稀疏且不规则，不可能集中饲养骆驼，这些地区也往往不适合饲养其他家畜或从事农业生产。

骆驼对放牧地的要求不严格，能适应各种不同类型的草场，也能够利用其他家畜所不能利用的荒漠和半荒漠草场。

荒漠和半荒漠地区除广泛分布沙漠、戈壁外，不同的地域还分布着湖盆、盐碱地等。

荒漠和半荒漠地带自然条件严酷，食物贫乏，只有骆驼能生存发展。这是由于骆驼长期适应荒漠草场，它的体型外貌结构和生理功能，使其具有许多耐旱、耐寒、耐粗饲、耐风沙等特点。

骆驼食性杂、口泼，偏爱采食带异味、苦味、咸味的牧草。骆驼两片分裂的兔唇游离而灵活，散落在地面的低矮小草和植物枯叶落叶都能吃。骆驼口腔的两颊密生角质化的乳头，上颚齿垫坚厚，下颚门齿和上、下颚臼齿发达，能采食坚硬带刺的牧草。像锦鸡儿、白刺甚至霸王等多刺植物也能大口采食、嚼碎。它还用其灵活的嘴唇，捋食坚硬灌木的嫩皮和细嫩枝叶。

放牧是骆驼的主要饲养方式，一般采取传统的远距离放牧方式。主要有散牧和跟牧两种。散牧是将骆驼在某一荒漠、半荒漠区散放，定期（半个月或 1 个月）观察，以便了解驼群的生长发育情况。跟牧是在放牧方向和里程上稍加控制，夜晚归牧，但不同于其他家畜的跟群密集放牧方法。

(二) 分群放牧

牧民在长期养驼实践中总结出一套成功的分群四季放牧方式。分群要根据骆驼数量、草场大小及植被情况而定。驼群数量不大，一般大小驼混群，自群繁殖。驼群数量在 100 峰以上，可根据骆驼的年龄、性别分为母驼群和去势驼群。

母驼群包括产羔母驼、妊娠母驼、3～4 岁青年母驼和驼羔；去势驼群包括各年龄段的去势驼、3～4 岁青年公驼和淘汰去势驼。

放牧骆驼既要引导驼群走向，又不能扰群太紧，让驼群在大片草原上自由采食。对驼群只能适当控制其走向，不能紧追乱赶。

二、围栏饲养

围栏饲养是用铁丝网等将一定范围内草场围起来，骆驼在其中放牧饲养。条件较好的区域可根据放牧时间、草场类型及骆驼数量和生产性质等，有计划地安排草场，实行轮牧，有利于充分合理地利用天然草场植被，对所有驼群进行健康检查、驱虫、预防接种等工作。为便于驼群管理可建简单的、可移动的木栅栏式圈舍，以便夜间圈骆驼用。

骆驼生活在北方较寒冷的地区，冬季时间比较长，则以修建厩舍较为理想。冬季，牧区寒流频繁，降温 5~10℃ 中强度冷空气的侵袭，每年常在 20 次以上。骆驼对没有风的严寒，一般都较能耐受，而对有强风的微寒，耐受性就差些。在 1d 之内，白天温度稍高，而又行走觅食，故较能抗冻，而在夜间则对风、雨、雪的忍受能力较差，因此应该搭盖棚圈，以御风寒。

（一）厩舍

从双峰驼安全越冬来说，应有厩舍帮助其度过比较漫长的寒冷冬季，因此养骆驼的牧户宜建有骆驼厩舍。可根据本地区的条件，本着建筑材料看应就地取材，有什么材料用什么材料。一般都用羊粪板、土和石头筑墙，用杂木和芦苇或草帘盖屋顶，并在芦苇或草帘上抹上厚厚的带有碎草的泥（泥不易被雨水冲走）。同时，圈舍需要定期开展消毒工作，保证圈舍内通风干燥。

从建筑型式看，除沿着院墙建筑供大部分骆驼过夜的、三面有墙的开放式棚舍外，还应在正中建筑有封闭式的房屋，作为产房、驼羔、病驼及弱驼过夜之用。

在厩舍的屋顶上应设置通气孔，以便厩舍内空气流通，温度和湿度正常。南面墙上开窗，窗户不宜过大，一般窗户面积占厩舍内面积的 12%~15%。厩舍的门宽不少于 2m，高不能低于 5m。厩舍面积与棚圈面积相同，平均每峰骆驼应占 4.5~5.0m²，幼驼占 3.0m²，产房可适当放宽至 8m²。厩舍的屋顶高度应不低于 3.5m。

（二）棚圈

在多风沙地区，驼圈形式也为圆形（图 6-1 至图 6-3），这样才不致被沙漠埋没，少风沙地区可为方形（图 6-4）。圈墙可就地取材，用羊粪砖、土、石、梭梭、杂木或镀锌钢管等均可，驼圈的半径为 10.0m，圈墙高 2.0m。也可在围墙坐北向南的地方建顶棚，顶棚为斜坡式，顶棚的一边搭在围墙上，另一边高 3.5m，这样可使雨水向墙外流出。为了便于骆驼分群休息，还可把圈隔成几部分，使每部分都能容纳 5~6 峰骆驼。修棚时平均每峰骆驼占有面积应按 4.5~5.0m² 计算，幼驼按 3.0m² 计算，圈内面积每峰骆驼应不少于 8.0m²。棚圈的大门，宽应为 3m，以便骆驼出入，避免拥挤，同时也便于运输草料和粪便的车出入。

图 6-1　驼圈

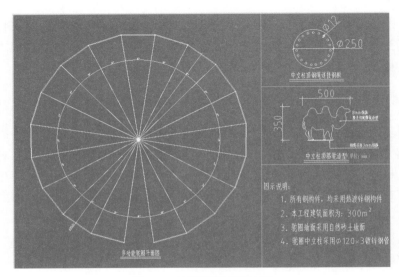

图 6-2　驼圈的平面设计图

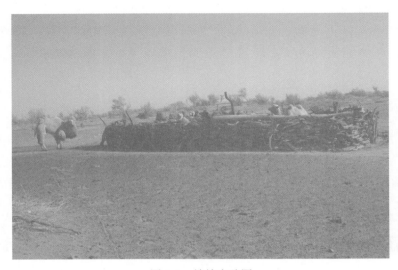

图 6-3　梭梭木驼圈

图 6-4　半敞开式驼圈

第二节　骆驼饮水管理

骆驼对水质不苛求，除极苦和味道特殊的水外，一般均可饮用。牧民在饲养骆驼时，饮水是一项繁重的体力劳动，特别是在饲养骆驼数量较多时，提水问题占据了牧民大部分劳动时间，2000 年左右阿拉善牧区开始利用太阳能板、抽水机给家畜提水饮用。

一、饮水设备

饮水设备包括水井、水槽和提水设备等。

提水设备：

（1）人力吊杆提水　较单纯用人力提水省力，但多限于井深 5m 的浅井。

（2）畜力水车提水　有解放式水车和挂斗式水车两种，但水深多限于 10～15m 的井。

（3）智能饮水系统　提水深度可达 100m 左右。2016 年，开始推广家畜全自动智能饮水设备（图 6-5），大大减轻了牧民繁重的劳动。智能饮水技术是利用感应、自动化探测控制技术，对电力提水进行自动化管理。同时，利用网络远程视频传输和网络控制技术，实现远程化实时管理。牧民可以利用手机、电脑、电视实时观看和控制骆驼饮水。

一般母驼饮水在早晨，去势驼、公驼饮水多在中午前后，陆续上井，随到随饮。老、弱、胆小的个别驼行走缓慢，怕入大群，往往等大群饮完后，才慢腾腾地走近水源。骆驼在较长时间断水情况下，能够忍渴。但从搞好生产来说，只有充足饮水才能满足其正常生理需要。骆驼饮水一般春、秋季每天 1 次；夏季每天 1～2 次；冬季隔天

A

B

图 6-5　智能饮水系统
A. 骆驼饮水　B. 感应出水

1 次，有时 2～3d 饮 1 次；产羔母驼每天 1 次；青草含水量较高时，也可 1～2d 饮 1 次。夏秋季去势驼和公驼的日饮水量为 60～80L，母驼为 60L；冬春季饮水较少，为 20～30L。

二、骆驼饮水的注意事项

（1）除冬季可以隔天饮水外，其他季节都应保证每天饮水 1 次；夏季炎热时，更要多次饮水。

（2）一定要饮井水或流动的水，不能饮死水。死水中有各种各样的寄生虫和菌类，达不到卫生标准。

（3）剧烈运动后或者长期禁水后的骆驼，如果不加控制，让其渴极暴饮，就很易致病。机井水因其水温很低，就更易发生事故，所以最好将机井水抽到水池预热后再饮。

（4）骆驼从饲料中摄取的水分量因季节、牧草以及牧场的不同而异。秋季放牧时，骆驼每天的饮水量为4.5L，春季每天可增至13L；山谷牧场中，骆驼每天从牧草中能得到24L水；而在盐碱草地放牧时，每天甚至可达30L。骆驼在采食干草、秸秆和精饲料情况下，即使缺水10d或10d以上，受影响也较小。从10月到翌年5月，植物中含水量很高，这时骆驼饮水量较少。

骆驼的饮水量相当大，饮水速度也相当快，1min内能饮10～20L，不到10min即能饮100～120L，几乎占其体重的1/3。干渴的时候，骆驼能1次饮水130L。即使骆驼缺水相当严重，只要让其饮水一次和配给一些饲草料就能完全恢复过来。有时骆驼几周没有饮水，这时只要供它饮水2～3次，几个小时就能饮200L水，因此骆驼对水具有极强的代偿能力。

第三节　骆驼被毛

一、骆驼被毛的特征

骆驼绒毛按经济用途分为长毛和绒毛。长毛包括肘毛、䫉毛、峰顶毛和脑盖毛。绒毛包括颈部两侧绒、腹部绒、大腿绒和躯体绒。有些骆驼颈部两侧长有两排一样的长毛，称为双鬃毛。双鬃毛分为坠子、陀毛、毛虎子和普通毛4种类型。双䫉毛骆驼的双䫉有大有小。陀毛型双䫉毛骆驼的脑盖毛较厚，眼部、耳部绒多，整个头部像绒球一样，长毛少、绒毛稠密。坠子型双䫉毛骆驼的脑盖毛的长度到耳朵前端，甚至能到颌下与䫉毛连接在一起。毛虎子型双䫉毛骆驼的鬃毛从颈部一直延续到尾根。在驼群中出现符合选育条件的绒毛纤维细长、弯曲均匀等特征的双䫉毛骆驼，可以参与育种工作。

骆驼的被毛属于混型毛，即异质毛，即保护毛的粗长毛间生有绒毛，而身毛的细绒之间也有粗而刚直的短粗毛——由粗毛和绒毛等毛纤维共同组成。骆驼的被毛由于毛纤维的细度和弯曲度不规则，油汗又小，所以无明显的毛或毛结构。但在耳根后、肩和臂，由于绒毛着生较密，可清楚地看到不规则的菱形或簇形毛丛。从被毛的毛束来看，基本上是以一根粗毛为中心，在其周围着生几根乃至十几根粗细不等的绒毛。因此，从被毛外部形态可分为上、下两层，上层是稀疏而直立的粗毛，下层则是厚密的绒毛。

二、驼毛的纤维类型

骆驼毛的纤维类型是指单纤维而言。骆驼毛纤维类型的划分以骆驼毛的形态和粗度为主要指标，而组织构造及其他条件则是分类的辅助指标。

按骆驼毛纤维的形态不同，一般可分为粗毛、绒毛和长毛（毛、嗉毛、肘毛、峰顶毛、尾毛）3种。

三、驼毛的收集

（一）被毛脱换的时间和顺序

被毛脱换的时间一般从每年的3月初开始，到6月底或7月初，即小暑前全部脱换完。牧民们一般按以下顺序收毛：粗毛（肘毛、嗉毛）、半身毛、躯体毛（图6-6）。

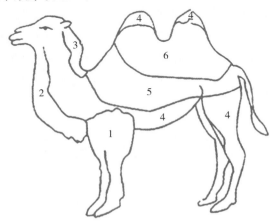

图 6-6 双峰驼收毛顺序
1~3. 粗毛 4、5. 半身毛 6. 躯体毛

（二）收毛方法

收毛方法因地区不同而异，内蒙古自治区、宁夏回族自治区、甘肃省、青海省等省区多采取随脱随收的方法。在脱毛时期，每天出牧前、归牧后和上井饮水时，按被毛脱换的顺序，细心收取已脱落的部分。对哺乳母驼、妊娠母驼和骑乘去势驼，背部的毛为了保暖和骑乘需要，推迟到小暑前后收取。养骆驼的牧民认为收驼毛工作与骆驼夏秋季节的抓膘保膘有密切关系，收毛要根据当年气候情况、骆驼年龄及公母驼的特点分批次进行。也就是说，不能与其他家畜一样一次性将躯体绒毛全部收掉。骆驼收毛时沿着驼体自前至后、自下而上进行（图6-7）。肘毛包括膝关节至前胸部的长毛。半身毛分为上、下两部分：上半身毛为前峰跟基以下肩端往后，经过肋骨到臀端，尾及尾根，顺着髋关节以上部分；下半身毛为颈部两侧绒毛、驼峰毛、脑盖毛、四肢、飞节、大腿1/3以下、腹毛、胸角质垫以上部分。收取半身毛时首先收颈部两侧的绒毛，经过7~10d再剪掉鬃毛，这样有利于清理鬃毛中的沙土、石子和饲草残渣。牧民们把这种具有预防剪刀挫残、绞伤皮肤的方法称为"剪文毛边"法。

最后一次性收取剩余部分的躯体毛，称"脱光"（图6-8）。为了防止刚产羔母驼脱光后中暑或者受到冷雨刺激，而在背部保留一定的绒毛。为了减轻工作，对失踪多日

图 6-7　阿拉善地区双峰驼收剪肘毛、嗉毛

回来的骆驼和未经调教的生羔子则采取保定绊倒后一次性脱光的方法收毛。为了防止留下宿疾，严禁在炎热的中午和冷风下雨天脱光骆驼。牧民保留着最后脱光种公驼的习惯，因为在民歌中流传着这样一种说法：其他骆驼彻底脱光前收取种公驼绒毛会造成"骆驼绝种"。驼毛尚未顶起来时硬行抓绒剪毛会使驼皮肿胀，延缓绒毛生长速度，甚至影响当年抓膘，这种骆驼称为"浮肿"骆驼。

图 6-8　阿拉善地区双峰驼驼"脱光"

驼毛顶起来时骆驼的前胸、颈部、腹股沟、腋窝、乳房周围的绒毛容易掉落在草场、居住地、饮水地，因此需要人工捡拾。牧民讲究正确收剪绒毛的方式，用左手掰开驼毛，右手握紧剪刀插入绒毛中紧贴皮肤剪取，这样剪取的绒毛比较整齐。如果剪伤驼皮或扎伤骆驼，会使骆驼受到惊吓而不再温驯并拒绝剪毛。在炎热的夏天剪伤的皮肤容易生蛆，所以剪伤皮肤后要及时用药消毒。

　　做好剪毛前准备工作会减轻收毛的工作量。必须准备好工作服、捆绑绳、装绒袋及剪刀等工具。过去使用的是中国制造的达姆剪，但是未经训练的人不会使用这种剪刀。大黑剪刀的刀刃硬、不易钝，且耐用。磨剪刀需要有经验者专门进行。剪毛工作艰巨并且在捕捉与保定骆驼中容易出现意外事故，因而必须注意安全。

四、驼绒产品

（一）古代驼绒制品

自古以来，蒙古族除用双峰驼原绒（图 6-9）搓绳制作驼缰绳、大绳、笼头以外还制作生活必需品，这个传统与其游牧文化有着密切联系。牧民利用妊娠母驼的嗉毛制作蒙古包的围绳、围毡、毡顶编绳、桩绳、扣绳、天窗坠绳、毡门、扇形毡垫镶边等手工制品的经验非常丰富，这一传统从老一辈传承至今。

牧民用带羔母驼的嗉毛制作蒙古包围绳、围毡、毡顶编绳、桩绳时将嗉毛清洗干净梳理出污垢后缠绕成卷状，这个称为驼绒"图德格"（图 6-10）。由于带羔母驼的嗉毛纤维长、细软而适宜制作各种用品。制作蒙古包围绳时将驼绒图德格抽出绒絮搓紧编成独立的绳索，再将 3～4 个这样的绳索并排缝制而成一条围绳，用于几个围墙的固定和连接。围绳两端要用布缠绕结实，以防解开。制作围毡、毡顶编绳、桩绳方法基本上与围绳的做法相同，但不能并列缝制。制作围毡、毡顶编绳时把搓好的细绳绕着围毡、毡顶边固定后露出绳头。

图 6-9　双峰驼原绒

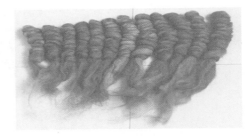

图 6-10　图德格

因为搓绳要求绞紧均匀，所以也要求操作者手法熟练、认真细致。例如，搓围绳粗细要均匀，而搓毛绳、缰绳、口绳系带时末端要细。制作天窗坠绳时把搓好的 4 根绳子合股缝成柱型，根据天窗龙骨大小和形状调整绳子长短，并连接起来。天窗坠绳在蒙古包灶火的上端，为了表达尊贵吉祥和兴旺发达的寓意，要用健壮的种公驼的肘毛制作。蒙古族在天窗坠绳上拴着哈达，还挂有象征吉祥的故乡土、石头、珍贵饰品和圣水甘露。除此之外，为防遭遇风沙灾害侵袭而挂上梭梭结，作为符咒。

使用拨吊子把驼毛仿成纱线再密纳毡垫，以此缝制吉祥结是蒙古族牧民在世界手工业产品中独一无二的创作。拨吊子是用直径约 8cm 的圆形木头作砣，由 64cm 长下粗上细的木杆穿过后固定而成。纺线时将驼毛梳好理顺，用左手拇指与食指捏住逐渐捻线，拨吊子底部是圆锥状，这样有利于旋转。

用驼毛纺线前用 40～50cm 长的缝纫线固定缠绕拨吊子中轴，将线头往上拉起来，用左手捻驼毛，右手轻轻转动拨吊子，再从左手中抽出驼毛，随着拨吊子的转动不断抽取驼毛而纺出毛线来。纺出 40~50cm 线时，开始往拨吊子上绕线，绕线时拉住拨吊子往后倾斜 45°，将线适当拉紧，均匀地缠绕在拨吊子木杆上端，且绕线的力度要均匀，绕松了在纺线过程中容易散乱，对下一步操作程序造成影响。纺线的捻力由拨吊子旋转速度决定，粗细匀度由抽取驼毛的多少来决定。绕好线之后继续转动拨吊子，然后把原先绕在木杆上端的线取下来再绕在中轴上，如此反复，将中轴绕满。这样纺出的线仍然不是成品。拨吊子要用质地光滑的材料制作以减少摩擦，保证取线自如、旋转灵活。

从拨吊子上取下来的纺线根据需求调整长短拧成两股，这才成为成品毛线。将 30~40 根毛线绑在一起备用。用于蒙古包"翁尼"下端的绳口较短；制作围毡、毡顶时，先把羊毛毡子按相应形状、尺寸裁剪成形，用铅笔或其他画笔画出吉祥图案，用纺好的毛线沿图案缝好。围毡毡顶边缘 8cm 以内的位置，裁好同样形状的红布，用毛线缝纫镶边；毡顶边沿用并排的两根新毛绳纳好，毡顶才算完整；工厂里用这种专门纺出的毛线制作袜子、手套和围巾等穿戴用品。

驼绒在工艺处理过程中，多因着色力不强而以其自然色为产品颜色。白色的驼绒可以任意染色，因而白色驼绒价格最高。驼绒纤维组织结构的特殊性导致驼绒的毡合性差，制成的产品柔顺性差，所以适合生产外套和工艺性产品。

（二）现代驼绒产品

现代驼绒产品质量优异，可作为国际高档服饰的原料。用骆驼粗毛制作地毯经线比从国外进口的经线质量好，因而利用其制作轻、暖、密的品牌地毯。

经专门挑选的 2 周岁小骆驼绒，能够生产出高支纱的高档纺纱和名牌纺纱，供应国内外市场。意大利一位研究者非常欣赏并记录道："蒙古戈壁阳光晒透的柔软绒是预防欧洲潮湿冷风的最佳材料。"

在国际市场上动物纤维及其产品需求日益增多。各类驼毛的利用水平达到新的高度，其自身的优异性能得到开发利用，从原料准备到加工的每个环节都具有生产高附加值产品（图 6-11、图 6-12）的条件。

图 6-11　白驼羔绒被　　　　　图 6-12　双峰驼驼绒围巾

第四节　骆驼去势

一、相关概念

不用于繁殖的公驼经过去势成为去势驼。因需求不同，骆驼去势有早期、中期、晚期之分。为了使去势驼身体轻快、奔跑快、绒毛柔软，在早期或满1周岁时去势；以肉用、育肥为目的的骆驼在中期或满2周岁时去势；役用骆驼要求体格壮、力气大，所以在满3周岁时去势。过早去势由于缺少雄性激素的刺激，影响去势驼骨骼发育，以致降低使役能力。去势过迟，去势驼不易调教，不易储存体力，役用时缺乏耐力。一般给骆驼去势在春季3月、4月或秋季10月、11月进行。

要去势的公驼在秋季牧草结实期，让公驼出汗，并休息好，吊水后吃饱，饮水，再空腹3~5d充分消化食物，这样血和汗出得较少，伤口恢复较快。多选择冬春两季无蝇蚊的晴朗天气去势。在阿拉善要求骟匠手要轻巧，不屠宰大牲畜，未曾给驴、猪、犬去势过。古代的骆驼主人请骟匠时向他说"请给阉成好骟驼!"骟匠用柏子香、花椒、青盐熬制的水洗手，双手烤火消毒，手持专用去势的小刀操作。去势场地选在略高并干净柔软的地方，最先给双峰向左倒的骆驼去势。用大绳保定好被去势骆驼，在骆驼臀部铺新的白色毡子（有些地方用地毯来代替），骟匠坐在上面，去势时血不能滴在地上，只能滴洒在毡子上。

二、方法

去势方法有烙、扎、抽3种方式。牧民给骆驼去势后，有把系睾丸的线头系在后峰下、尾巴上面的绒毛中的习惯，这是希望这峰骆驼以后成为好去势驼。

在内蒙古自治区阿拉善，烙法去势骆驼时用刀、木扦子、烙铁、夹板等工具。烙法是先用乙醇洗净睾丸外面的皮肤，用手握住阴囊基部，在阴囊外用刀切1个口，把睾丸翻出来后，用夹板紧夹着精索，用烧好的烙铁烙断止血，再用柏子香、花椒、青盐熬制的温水仔细清洗消毒。

扎法是用白酒清洗睾丸外面的皮肤，用手握住阴囊基部，用刀切1个口，挤出睾丸，用浸于柏子香、花椒、青盐熬制的温水中的麻绳拧紧精索，麻绳的两端固定在尾巴上，切开睾丸，也是用柏子香、花椒、青盐熬制的温水清洗，尾毛系在后峰上。扎法去势有流血少、愈合快的优点。

抽法去势跟上述方法一样先消毒，切开阴囊皮肤后，挤出睾丸，紧握周围的组织，结合骆驼的呼吸频率，慢慢扭拧后拉，要防止损伤精索血管，抽取后用泡白酒、花椒、青盐的温水消毒。牧民们认为抽法去势的骆驼力气弱、长膘慢，所以很少用抽法去势。烙法和抽法去势的睾丸放在墙上或树枝上，以防犬或鸟类叼食。扎法去势的去势驼睾丸掉下来后也放在圈墙上或树枝上。去势工作结束后，松开绳子，让骆驼慢慢起来。

三、注意事项

（1）实行去势手术应避开炎热的夏天和有蚊蝇的地方。

（2）手术前 1d 应减食或停食。如果有条件，术前 1 周注射破伤风类毒素 3～5mL。

（3）手术用器械、术者双手及手臂、术部都须认真消毒。

（4）母驼发情时，不易进行去势术，如果此时去势，公驼容易发生神经错乱病症。

（5）去势后的伤口要定期检查，如发现有污染化脓等现象，应立即治疗。

（6）术后 3d 内禁止饮水，并且要与其他驼群隔开放牧，以免打架造成二次受伤。2 周内严禁骑乘或使役。

第五节　骆驼调教

各种家畜的驯化时间，多发生在旧石器向新石器过渡的时代，距今 1 万余年。因为这时人类已能制作较复杂的工具，并初步掌握了动物的特性，捕得的活动物日益增多。骆驼的驯化比其他家畜稍晚，在公元前 3000—4000 年。其原因是野骆驼多分布在荒漠和半荒漠地区，而人类对这一地区的开发利用比其他地区晚。另一个原因是它的驯化难度较大。有关双峰驼的驯化地点，据出土化石和文字历史记载都证明，我国是较早驯化双峰驼的国家之一。近几十年，先后在北京、山西、河南等省份的鲜新世地层中，发现了"驼化石"。又在内蒙古黄河流域的鲜新世晚期地层中，出土了名为"诺氏驼"的化石，形状与现代骆驼很相似。据考证，这很可能就是现代双峰驼的野祖。在周代的早期，《逸周书》中有"伊尹为献令"，北方许多少数民族，"以橐驼、野马为献"的记载，说明在当时我国北方已驯化并大量饲养了骆驼。直到现在，在新疆塔里木盆地、青海柴达木盆地、内蒙古自治区额济纳旗西戈壁与马鬃山的个别人迹罕至的地方，还能发现有少量双峰野驼存在。以上事实说明，我国现在的内蒙古自治区和西北几省区之所以成为骆驼的重要产区，有其一定的历史根源和特殊的自然条件。这就是我国骆驼的驯化由来和发展概况。

野驼驯化为家畜后，由于削弱了自然选择，加强了人工选择，各方面都发生了变异。如以野驼和家驼相比，野驼头较小，颈较长，前膝无角质垫，两峰较小，蹄叉较窄，四肢较长，毛较短而稀，毛色呈深褐色，夏季绒层脱而不掉，公驼额上无鬃毛覆盖，耳较短，嗅觉器官特别发达，交配期较短，奔跑迅速，时速能达

30km，且持久力强。夏秋季很少饮水，单靠所食植物水分就能基本满足其生理需求。

经过合理调教的骆驼，不仅在工作中不易疲劳、能锻炼出更结实的身体和提高工作能力，而且还能顺从人意，使役中不易发生事故。

骆驼的调教从驼羔出生就开始，时常将其一条腿拴住，放开，再拴住；否则，等它大了调教就费劲了。驼羔一般在2～3岁时穿鼻棍然后进行骑乘调教。一般在秋季10—11月、春季3—4月穿鼻棍。

调教大致分2个阶段进行，即幼龄期调教和青年期调教。幼龄期调教是指从出生开始每天拴腿、喂料和喂水，慢慢就不怕人了。青年期调教分役用调教和挤奶调教。

一、役用调教

这种调教有在放牧中调教和生产中调教的区别，调教的步骤一般是：

第一，使已穿鼻棍的骆驼养成带笼头的习惯。

第二，使其养成服从管理人员的口令，能卧下和起立。训练卧下时，在配合口令的同时，可把牵绳向下拉，并用手轻拍骆驼前肢的膝盖。同样，训练起立时，也应配合起立的口令，把牵绳向上拉，以强迫它站起来。这样每天训练2～3次，经过1周左右，它就能很自然地服从人的指挥了。

第三，从3周岁半开始，可以调教其承担驮运工作。最初训练驮鞍架参加驼队行列，将其牵绳拴在前一峰骆驼的鞍架上，其前后方的骆驼都应性情温驯。这样使它习惯在人群中和车马往来的道路上行走，经过2～3个月后，就可以让它驮运些较轻的东西。满4周岁后，可驮重50kg左右；到6周岁时，才正式担任重役。但要注意的是，如果勉强它过早担任劳役，而且驮重过度，就会伤害它的身体，不但役力提不高，使用年限也要缩短。

第四，骆驼除了驮役外，也能骑乘和拉车耕地，调教可从4周岁开始，应采用双套车。方法是：把进行调教的骆驼与经常驾车的骆驼，联架一辆车。开始时，载重要轻，目的是训练它听惯车轮声，而不会惊慌，最后调教它能单独拉一辆车。调教骑乘时，要训练它平稳卧下和站立，能用均匀的步伐直线前进，能服从鼻缰的控制和行止。调教骆驼耕地的方法：基本上与调教拉车方法相同。初期可先调教它耙地，以后再训练耕地。调教开始时可单独进行，由调教人手牵骆驼，引导它前进。如果单独进行有困难时，再用经过调教的骆驼来和它共同牵引一架农具，习惯后，再单独工作。

调教过程中，调教人员应沉着、耐心，切勿粗暴鞭打和大声叫骂，以防骆驼养成咬人、踢人等恶癖（图6-13）。

图 6-13　阿拉善双峰驼调教

二、挤奶调教

给骆驼挤奶不像挤牛奶那么简单，骆驼较为认生，自身保护意识强，挤奶者必须与骆驼建立良好关系，而且母驼只有嗅到驼羔气味才会分泌乳汁。

1. 熟悉环境训练　泌乳驼都穿鼻棍戴笼头，进行 10d 左右的牵拉、拴系和熟悉工作人员的训练，此过程中动作要轻柔且缓慢、不恐吓、不殴打。工作人员经常接近泌乳驼，抚摸其被毛、挠后背，使其熟悉与人接触，每次训练结束后喂少量精饲料，以缓解其紧张感，有利于降低骆驼的应激反应。在开始调教时就要将挤奶机放进挤奶间，打开电源，让泌乳驼逐步适应挤奶机的声音。集约化养殖场要进行进入挤奶通道的调教（图 6-14）。

图 6-14　双峰驼挤奶通道

2. 挤奶训练 调教骆驼挤奶基本需要 20d，每次先让驼羔吃几口奶刺激分泌乳汁后，把母驼牵到挤奶处，用绳将母驼左后腿拴在桩上，把母驼向前牵一步，左后腿就呈向后拉扯姿势，使其不容易踢踹人。同时，人在左侧用手轻轻抚摸母驼体侧、腹部、乳房和乳房周边，缓解其紧张和恐惧的情绪，用手轻轻挤奶数次，对骆驼发出各种语言指令，使骆驼熟悉挤奶员的挤奶动作。在挤奶调教过程中每天挤完奶后喂少量精饲料，这有利于加快挤奶调教和吃料调教。

经过人工挤奶和补精饲料相结合的调教训练后，母驼基本上就适应了人工挤奶，与挤奶员之间能够产生良好的合作关系，不踢踹挤奶员。母驼经过调教训练后能够接受人工挤奶且人工挤出的奶量较为稳定，基本消除母驼对挤奶环境的应激反应，挤奶员在驼群中走动时泌乳驼不表现出惊慌和骚动，整群安静。

在人工挤奶的同时，逐步过渡到使用挤奶机，最终实现挤奶机挤奶（图 6-15），这个过程需要 10d 左右的训练时间。

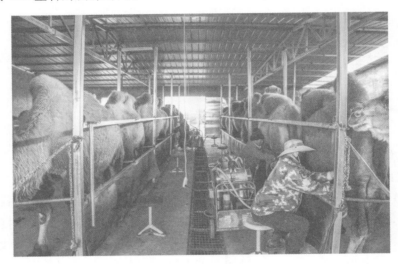

图 6-15　挤奶机挤奶

第六节　骆驼捕捉与保定

在调教、使役、收绒毛、挤奶和诊疗等工作中，为了确保人畜安全，必须熟练掌握捕捉和保定技术。现对其常用的方法进行介绍，可根据工作需要和骆驼的老实程度，选择应用。

一、捕捉

成年老实的骆驼，人由左侧接近，伸手抓住鼻棍，或手拿缰绳搭在鼻梁上拧紧缰绳两头后，鼻棍拴上缰绳即可。

无鼻棍时，手执缰绳，由左侧接近，绳穿过颈背侧，两手各执缰绳两端，由后向前上甩，使绳搭在鼻梁上（图6-16、图6-17）以后拉住，下按驼头，以绳外侧短端经下颌内侧面部绕过耳后，从外侧回至额打结，结成笼头。

图6-16 缰绳搭上鼻梁

对活泼的骆驼，多用长绳，由两三个人围捉，其方法有以下几种：

（1）两人执长绳拦住骆驼的喉头部，迅速交叉后，另一人上前，或结笼头，或拴系缰绳。

（2）两人执长绳，拦住骆驼的前肢前下端后，两人同时后行，在骆驼后躯后交叉长绳，继续缠绕四肢上部，收拢四肢，此法也为一种站立保定方法（图6-18）。

图6-17 捕捉拴系笼头

（3）长绳铺于地面，一人赶骆驼就范，待其两前肢横跨长绳后，提起两绳端跑向后方交叉，使绳稍松动下滑至飞节以下时，拉紧绳子，骆驼挣扎时，因后肢失去支撑力而卧地。此法是捕捉和倒驼的结合方法。如倒地后，使绳子通过前膝内侧在后峰后打结，即为后肢伏卧保定法（图6-19）。

图6-18 双人倒驼保定法

图 6-19　后肢伏卧保定

二、保定

（一）倒驼法

1. 提绳倒驼法　用一端有小环（或结成一小扣）的绳子一根（提绳），通过右前肢肘内，绳子游离端穿过环（扣），抽拉至一定程度后使绳子下滑至系部拉紧，游离端通过两峰间扯至左面，倒驼人左手抓缰绳，右手抓提绳，站在左前肢内侧，两手同时把两根绳子向怀里提起，使右前肢不着地，驼头弯向左肘部，强制骆驼前肢跪地卧倒（图6-20、图6-21）。此法常用于2～3周岁幼驼的骑乘调教。

图 6-20　提绳倒驼法

图 6-21　前肢缰绳保定法

2. 后肢活扣倒驼法　如前法在腰部结一更大的活动绳扣自前向后抖动，使绳子向两后肢下滑，待滑至股部时逐步抽紧绳扣，下滑至飞节以下时右手紧拉提绳，左手拉缰绳，下按驼头，骆驼在弹跳中卧下（图6-22）。

3. 站立保定法 人由侧旁给前肢扣上特制的皮绊或绳绊。或用缰绳于两前肢间绕成"∞"形绊前肢，使两前肢间距离为自然站立宽度、稍窄或绊拢。为防止绊绳脱落，缰绳可在两肢间多扭结几次。为便于保定的解除，所有的保定绳结均打活扣。

图 6-22　后肢活扣倒驼法

4. 伏卧前肢保定法 按低驼头用缰绳或另用一条绳子绕一侧腕关节两圈，绳子继续通过脖子背侧缠绕另一侧腕关节后，绳子两端在脖子上打结，在骆驼伏卧时，为了防止其站立，常采用此方法保定（图 6-23）。

5. 伏卧后肢保定法 见前捕捉法。也可将前后肢保定法结合起来，用同一根长绳在固定后肢后，绳子在背部交叉前行，缠绕前肢，在脖子上打结。

图 6-23　伏卧前肢保定法

6. 侧卧四蹄保定法 先使骆驼卧地，于其倒侧贴近腹部的地面上，放置一个与肩端或臀端等长的圈绳，然后一人控制驼头，两人在捆绳的同侧按住驼峰，协同用力，先向对侧轻推，再向怀内压倒骆驼的体躯。随后在前肢及后肢的前方与后方，分别提起绳扣和绳端并使绳端穿过绳扣后拉紧，使四肢靠拢交叉，做结固定（图 6-24）。

7. 骆驼保定装车方法 骆驼前腿（伏卧前肢保定法）和后腿（伏卧后肢保定法）分别保定后，用一根绳子放在骆驼 2 条前腿下面，绳子两头在骆驼两峰之间交叉，到骆驼 2 条后腿下面穿过后拉紧绳子拴好绳头，再用吊车或三脚架吊链（图 6-25A），在骆驼两峰之间交叉绳子向上提起骆驼装入车厢内。注意：吊骆驼时应有工作人员靠近骆驼头部抚摸骆驼颈部，防止其受惊吓（图 6-25B）。

图 6-24　侧卧四蹄保定法

A   B

图 6-25　双峰驼保定装车方法

(二) 保定架保定

1. 保定架　一般保定架是链接 2 个骆驼圈的细小通道，宽度一般在 70～80cm，高 180cm 左右（宽度和高度根据骆驼体宽和身高调整），一般有 3 个横梁，每个横梁之间距离约 60cm，这样的两边横梁夹击形成的通道。这种保定架一般用直径 5cm 以上的钢管或方钢制作而成（图 6-26、图 6-27）。

图 6-26　泌乳驼保定架一侧

图 6-27　泌乳驼保定架另一侧（驼羔吃奶一侧）

为方便对发情期骆驼进行直肠检查，防止在检查中伤人，内蒙古自治区阿拉善盟畜牧研究所（阿拉善盟骆驼科学研究所）对传统保定架进行了改良，设计了一款保定架。在实际运用中，效果很好。特别是对母驼进行直肠检查时，能有效防止骆驼侧踢，同时也便于检查者操作（图6-28）。

图 6-28　骆驼直肠检查保定架

2. 进保定架　首先把骆驼赶进有保定架的骆驼圈内，骆驼圈另一个门口与骆驼保定架连接。骆驼进圈后，在骆驼群内找一峰老实的骆驼将其拉进保定架通道，同时驱赶其他骆驼跟上前面的老实骆驼进入保定架通道，等到需要保定的骆驼进入保定架后，关闭保定架通道两头的门，再保定骆驼。

3. 保定架上固定骆驼　一般进入保定架的骆驼前后用绳子或钢管封好通道就可以了。对野性强或首次进入保定架保定的骆驼要在第 2 个横梁上靠近保定骆驼的前胸和后面臀下飞节上固定两个横棒，以防止骆驼在保定架内趴下。为了防止骆驼踢伤，在第 1 个横杆下面用木板或钢板砌墙。再根据需要和骆驼性格可以进一步在保定架内固定骆驼（图6-29）。

图 6-29　保定架收驼绒

第七节 智能放牧

我国游牧文化有 5 000 多年的历史。游牧民族大多生活在长城以北的区域，那里地貌差距很大，天气多变。游牧牧民根据这一特点，实行逐水草而居的游牧方式，使牲畜放牧尊重自然规律，重视草场的保护和合理利用。

1949 年前牧民跟群放牧。从 20 世纪 60 年代开始，一部分人（主要是青壮年）出去游牧，一部分人（老弱小孩）在定居的地方建设家园；70 年代使用望远镜观察骆驼的情况，减少了放牧人的移动性；80 年代后养羊的牧民基本定居固定放牧，养驼牧民骑马放养骆驼，减少了人的徒步行走；90 年代开始骑摩托车放牧，放牧时间大大减少；到 21 世纪后，电话、手机被应用到游牧当中，牧民相互打电话就知道骆驼在哪片草场上，提高了放牧的准确性；2010 年开始，城镇化和车辆的普及，部分牧民可住在城镇，开车到牧区游牧。

随着科技发展，2014 年，卫星定位技术、智能饮水设备等在骆驼饲养中得到应用和普及，使得牧民住在城市就可以在电脑上观测骆驼运动轨迹、饮水情况，实现了智能化放牧。所以牧民的定居与骆驼的游牧并不矛盾，游牧与现代化并不矛盾，现代化促进了游牧畜牧业的发展，形成了现代化的生态畜牧业。

一、智能放牧系统

智能放牧的核心系统就是将互联网、物联网、卫星定位技术应用到畜牧业生产过程中。利用物联网技术，把畜群位置、运动轨迹等信息通过监测设备与互联网连接起来，以实现智能化识别、定位、跟踪、监控和管理，实现远程放牧，全自动统计，实时掌握牧场信息，及时获取异常报警信息，同时可以进行决策控制。

一般情况下，根据地形、植被类型等情况确定骆驼全年游牧范围，如阿拉善双峰驼，根据草场情况，6—11 月，基本在山地丘陵和地势较高的滩地草原上自然游牧采食牧草，秋末气温下降时到沙漠和湖盆等地势较低的地方游牧，等到入冬牧草完全干枯，水源结冰后才回到自家水井周边草原上游牧，全年游牧活动半径介于 30～50km，这期间难免出现丢失、生病、难产、驼羔死亡等情况，有时候为了找一峰骆驼耗时几个月甚至 1 年以上的时间。骆驼带上智能放牧设备后，牧民可以及时发现骆驼的走向，准确判断管理。

智能放牧系统在阿拉善双峰驼放牧管理试验推广 4 年多的实践证明，养驼牧民每年可节约 50% 以上的放牧时间（特别是产羔母驼、生病骆驼的管理），放牧成本节约 5 000 元以上（主要是放牧摩托车燃油费和磨损费）。现如今广大牧民已认识到智能放牧系统给骆驼放牧管理带来的便捷性，而且智能放牧系统在草场宽阔游牧半径大的骆驼放牧管理中发挥了巨大的作用。但在远离城镇和主要交通线路的无信号覆盖草原深处难以推广使用，利用北斗卫星双向通信技术设备和 LoRa 技术等集成实现智能放牧。

　　智能放牧系统在移动信号覆盖区都可以使用，牧户通过登录服务平台可查看骆驼的运动轨迹。智能放牧定位器通过中国移动网络将位置信息发送给客户，一般每天可发 1～10 次信息，卫星定位精度一般在 10～20m（图 6-30）。

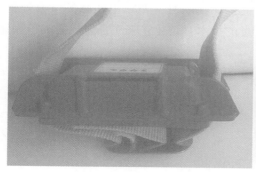

图 6-30　定位器

二、电子望远镜与视频放牧管理

　　通过网络利用监控摄像技术加太阳能供电，实现了图像传输与游牧放牧技术结合的远程视频管理，甚至可以通过网络用手机或者电脑对提水进行实时开关。也可利用手机或者电脑作为监控平台，实时监控和录制周围人员往来，骆驼活动、饮水，牧草生长，环境变化情况等。

　　自从有了电子望远镜后牧民有事可以全家出远门，实现了远程视频放牧管理，特别是与智能饮水相结合的远程视频监控，大大降低了放牧管理成本，也享受了现代化带来的便利。据 2021 年测算，牧民利用电子望远镜在水井、棚圈、家园、开阔草原放牧监控管理后每年最少可节约人工费万元以上（图 6-31）。

图 6-31　电子望远镜

三、家畜身份识别系统

牧民都认识自家养的每一峰骆驼，而且每一峰骆驼都有各自特色的名字，每一个牧民家的骆驼都有统一的标记，如烙印、耳截等，其他牧民看了标记后就知道是谁家的骆驼，但这种标记难以与市场对接。因此，在骆驼身上佩戴电子标签（有外挂式、皮埋式2种），利用识读器读出骆驼身份信息的技术，是建立骆驼个体档案和追溯体系的重要基础（图6-32、图6-33）。

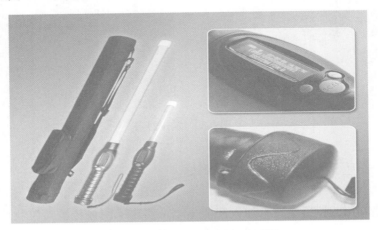

图 6-32　手持式智能终端（读写器）

图 6-33　外挂式和皮埋式电子耳号

四、无人机放牧与草原监测

牧民不定期步行、骑马或骑摩托车观察草原植被情况、骆驼活动情况和骆驼健康状况，判断骆驼应该在哪片草场上放牧和管理。无人机根据需要配备高分辨率可见光镜头、红外热成像镜头、选配多光谱镜头或高光谱镜头等，实时查看驼群所在位置和健康状况等信息，还可定期监控草场牧草的生长情况（图 6-34、图 6-35）。

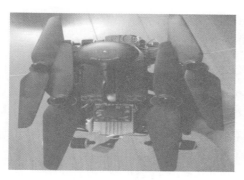

图 6-34　无人机图

图 6-35　无人机工作现场

五、牧民的互助放牧

牧民在草原上分散居住才能利用更大面积的草场，放牧采食才能满足骆驼的营养需求，才能保护生态平衡。但是，如果分散居住，牧民难以享受到通电、通信、通路等公共基础设施服务。因此，引进推广桥接技术，利用有线、无线信号资源为没有上网条件的牧户接入宽带，为牧区利用智能放牧系统、智能饮水设备、视频放牧管理等生产生活需求提供有利条件。这给牧民带来了极大的方便，牧民基本实现了用智能手机和微信放牧。牧民放牧时看到骆驼，也可以就地拍照或拍摄短视频发到微信群，告诉大家骆驼位置、骆驼标记、健康状况、数量等信息，由此游牧牧民的互助放牧传统文化进入了网络信息时代，极大地节约了牧民的放牧信息成本，并给北方生态屏障智能管理建设提供了基础条件。

主要参考文献

北京农业大学，1989. 动物生物化学 [M].2 版. 北京：农业出版社.

崔启武，刘家冈，1991. 生物种群增长的营养动力学 [M]. 北京：科学出版社.

陈天乙，1995. 生态学基础 [M]. 天津：南开大学出版社.

东北农学院，1981. 家畜饲养学 [M]. 北京：农业出版社.

董常盛，2001. 家畜解剖学 [M]. 北京：中国农业出版社.

冯仰廉，1996. 动物营养研究进展 [M]. 北京：中国农业大学出版社.

高黎明，那日松，1985. 养骆驼 [M]. 呼和浩特：内蒙古人民出版社.

哈斯苏荣，都格尔斯仁，2013. 双峰驼解剖图解 [M]. 呼和浩特：内蒙古出版集团.

华南农业大学，1987. 养牛学 [M]. 北京：农业出版社.

韩正康，陈杰，1988. 反刍动物瘤胃的消化和代谢 [M]. 北京：科学出版社.

吉日木图，陈钢粮，云振宇，2009. 双峰驼与双峰驼乳 [M]. 北京：中国轻工业出版社.

马仲华，2002. 家畜解剖学及组织胚胎学 [M]. 北京：中国农业大学出版社.

雷冶海，刘英，朱明光，2002. 骆驼 [M]. 香港：天马图书有限公司.

张玉生，傅伟龙，1994. 动物生理学 [M]. 北京：中国科学技术出版社.

赵兴绪，张勇，2004. 骆驼养殖与利用 [M]. 北京：金盾出版社.

许志信，郭继承，岳东贵，等，1999. 阿拉善双峰驼夏季牧食行为的研究 [J]. 内蒙古草业（3）：1-4.

杨凤，周安国，王康宁，等，2014. 动物营养学 [M].2 版. 北京：中国农业出版社.

南京农业大学，1980. 家畜生理学 [M]. 北京：农业出版社.

宁夏农学院，内蒙古农牧学院，苏学轼，等，1983. 养驼学 [M]. 北京：农业出版社.

李正银，等，1992. 我国 27 省、市、自治区水中矿物元素含量 [J]. 海军军事医学，9（3）：13-14.

李正银，汪振林，1992. 我国 29 省、市、自治区土壤中矿物元素分析 [J]. 上海农业科技，22（1）：25-26.

田守义，1989. 双峰驼放牧饲养管理 [M]. 兰州：兰州大学出版社.

赵兴绪，张勇，2002. 双峰驼养殖与利用 [M]. 北京：金盾出版社.